家庭菜园

唐德山 编 著

张彬志 文灿华 周家铎 插画摄影

CNS 湖南科学技术出版社

图书在版编目（CIP）数据

家庭菜园 / 唐德山编著. -- 长沙 : 湖南科学技术出版社, 2019.3
ISBN 978-7-5710-0035-6

Ⅰ. ①家… Ⅱ. ①唐… Ⅲ. ①蔬菜园艺 Ⅳ. ①S63

中国版本图书馆CIP数据核字(2018)第282127号

JIATING CAIYUAN
家庭菜园
编　　著：唐德山
责任编辑：欧阳建文
出版发行：湖南科学技术出版社
社　　址：长沙市湘雅路276号
　　　　　http://www.hnstp.com
湖南科学技术出版社天猫旗舰店网址：
　　　　　http://hnkjcbs.tmall.com
印　　刷：长沙新湘诚印刷有限公司
　　　　　（印装质量问题请直接与本厂联系）
厂　　址：长沙市开福区伍家岭新码头95号
邮　　编：410008
版　　次：2019年3月第1版
印　　次：2019年3月第1次印刷
开　　本：710mm×1000mm　1/16
印　　张：8
字　　数：140000
书　　号：ISBN 978-7-5710-0035-6
定　　价：38.00元

目录

室内菜园

shinei
caiyuan

芽菜部分

豆制品部分

窗台、阳台菜园

chuangtaiyangtai
caiyuan

屋顶菜园

wuding
caiyuan

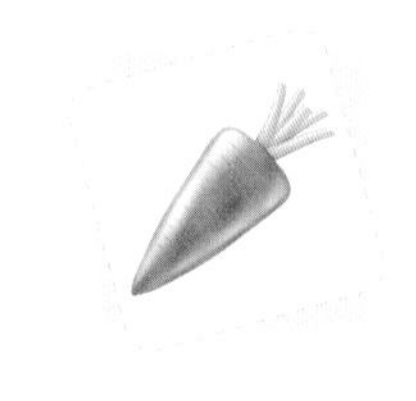

庭院菜园

tingyuan
caiyuan

家庭菜园须知的五件事

Tips

容器与基质

其中有塑料盆、陶瓦盆、塑料盘、泡沫箱和小木箱及栽培基质。

肥料与农药

肥料：有花生、黄豆、骨粉、饼肥、鱼下水、瓜果皮、综合水。“综合水”包含：无皂的洗脸水、洗脚水、洗澡水、淘米水加粉碎的生黄豆或花生，泡水 3 天。综合水不等发臭，兑水 50%~60%，每周浇一次，可促使菜苗长得嫩绿。农药：尖辣椒捣烂泡水过滤喷虫害；石灰烟叶或烟蒂泡水过滤喷虫害；白醋兑少量水喷蚜虫；洗衣粉泡水治病虫害（兑水 100~150 倍）。

三 工具和立杆

其中包括锄头、铲子、剪子、砍刀、锯子和立杆。

四 豆制品用具

其中包括豆浆机、过滤斗、豆腐盒和纱布。

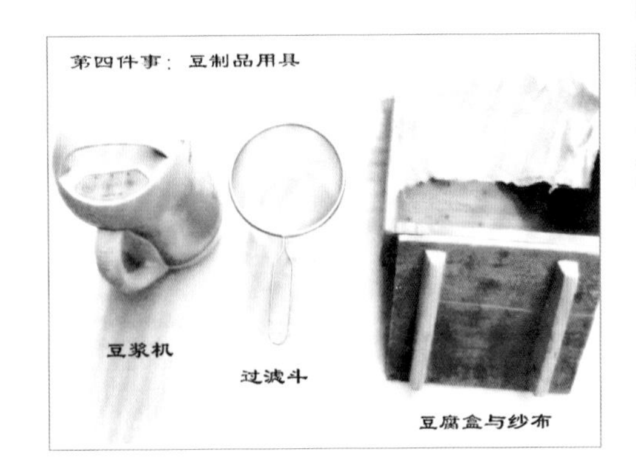

五 水用具

其中包括洒水壶、水瓢、水桶、喷壶。

PART

1

室内菜园

shinei
caiyuan

芽菜部分

芽菜是我国民间一种传统时尚菜，可在家庭室内因地制宜进行生产，如黄豆芽、花生芽、绿豆芽、黑豆芽、萝卜子芽、豌豆芽等。除花生芽采用堆沙法需要洗净沙子经太阳晒干消毒外，其他芽菜生产均不要肥料、农药，只要清水喷洒催芽或用清水洗净催芽容器即可；另外除黑豆芽长至 8 厘米高、豌豆芽长至 6~8 厘米高，萝卜子芽长至 2~4 厘米高时要见散射光外，其他如黄豆芽、花生芽、绿豆芽均要避光，从而确保芽菜鲜嫩，吃起来口感脆嫩。这些芽菜一年四季均可在家里室内生产，生产起来很方便，无须费大气力。

在家庭室内生产芽菜，很卫生无污染，是一种清清爽爽无公害的绿色蔬菜，吃起来鲜嫩可口、放心，有利于人的身体健康，生产过程健身逗乐，令人开心。

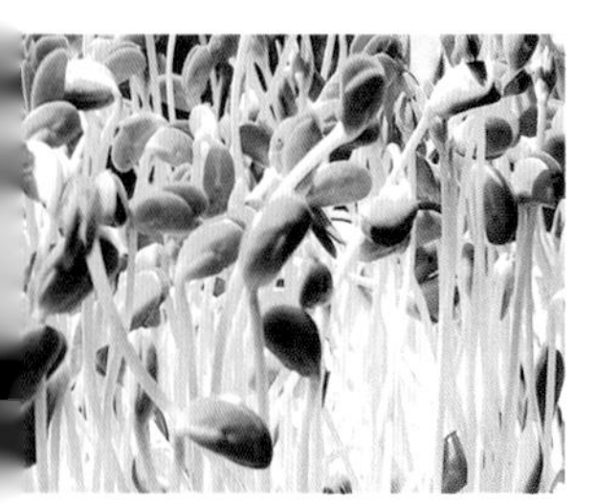

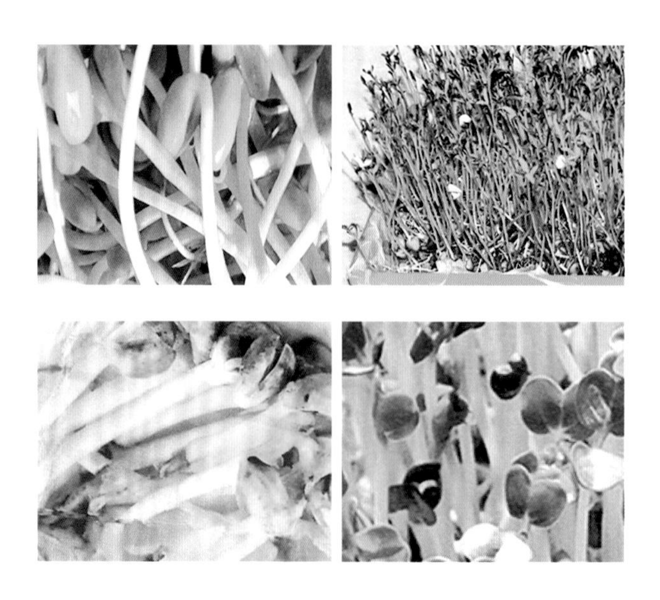

01. 黄豆芽菜

黄豆为蝶形花科大豆属一年生草本植物。夏至前后播种，秋季开小白花，结成豆荚，成熟后剥壳成黄豆颗粒，色泽呈淡黄色。从黄豆到生产豆芽，要经历选种、洗种、浸种、催芽、喷水等工序，它适宜在室内无光照的地方生产，在25℃~35℃的气温下，约4天便可生成豆芽菜。如天气阴凉，7~10天才能收获，一般1千克黄豆可生产6~8千克黄豆芽菜。

浸种与催芽容器

选取浸种和催芽容器各一个。浸种容器以透明玻璃杯为宜；催芽容器为25厘米×20厘米×25厘米的木制盒，底板钻孔（规格长、宽、高）。

选种与浸种

选种： 到种子店选购颗粒饱满、色泽黄亮、当年或隔年未经药物处理过的新鲜种子为宜。

浸种： 先把浸种容器用清水洗净，经太阳晒干消毒，然后把种子在盆水里沉浮一下，捞出瘪种，经1~2次搓洗干净，随后把种子倒入容器内，注入清水，水面高出种子2~3倍，历经8~12小时，等种子长出1厘米短芽为止。

催芽与收获

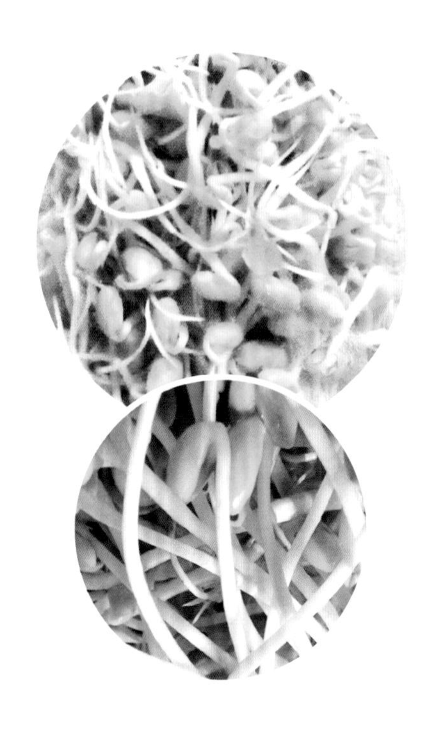

催芽：先把容器洗净，经太阳晒干消毒，在容器底板上铺一层纸巾，用水喷湿，然后把浸好的种子均匀地平铺在纸巾上，不能重叠，然后用毛巾盖上，移入纸箱里或泡沫箱里盖严催芽，每日 3 次开箱喷水，透气 3 次，但均要避光。

收获：当豆芽长满容器，高度为 10～12 厘米时，芽苗便可收获。要及时收获，否则会引起芽苗老化，吃起来口感不脆嫩。

Vegetable Tips

小贴士

烹调黄豆芽时，火要旺，快速翻炒，慢炒会使芽菜老熟不鲜嫩，口感欠佳；没炒透的豆芽菜，吃起来带涩味，可加少许醋拌弄几下，涩味就能除掉，并能确保豆芽菜鲜嫩的口感。

烹调黄豆芽时不能加碱，可加少许醋，以减少维生素 B 的流失。黄豆芽菜适宜一般人群食用，特别是孕妇可多食，对缓解妊娠期高血压疾病和产后便秘有一定效果。

02. 落花生芽菜

落花生，别名花生，为蝶形花科落花生属，一年生草本植物，原产巴西，经引进后在我国广为种植。南方在春末夏初晴天播种，出苗后月余盛开金黄色的花朵，花谢后随即长针扎入土内结果，秋末果熟采挖。落花生挖出后经洗净晒干保存在干燥处，剥壳后成花生米颗粒。如要变成花生芽菜，必须经过选种、洗种、浸种、喷水催芽等工序。在温度25℃~30℃的情况下，历时6~7天便可成为落花生芽菜。落花生芽菜除第一次催芽相同外，第二次催芽有两种方法：一种是继续在容器内不断催芽，只不过要把没发芽的种子拣出来；另一种为堆沙法。两种方法均能生产出脆嫩可口的落花生芽菜来。

选种与浸种容器

选种与浸种容器均和黄豆芽容器一样，但在浸种催芽前都要洗净，经太阳晒干消毒。

选种与浸种

选种： 选取当年或隔年生产的落花生，未经农药处理过的带壳的品种，剥壳后颗粒颜色红润，大小基本一致。

浸种： 把选好的种子，在浸种前先用一盆水沉浮一下，捞出浮在水面上的瘪种，用清水再搓洗2次，然后倒入浸种玻璃杯内，注入20℃的清水，水面高出种子2~3倍。经12~20小时的浸种，浸种完毕后用清水

淘洗 1~2 次，避免催芽时烂种。

催芽

催芽分两次进行。

第一次催芽：在消毒容器底面上贴层纸巾，喷湿，然后把浸好的种子平铺在纸巾上，要铺得均匀不要重叠，接着喷湿种子，上面盖一块湿毛巾，移入纸箱或泡沫箱里盖严，每天喷 3 次水，透气 3 次催芽，在 25℃~30℃时 3~4 天就会发出 95% 的短芽来。

第二次催芽：可分容器和堆沙两种方法。

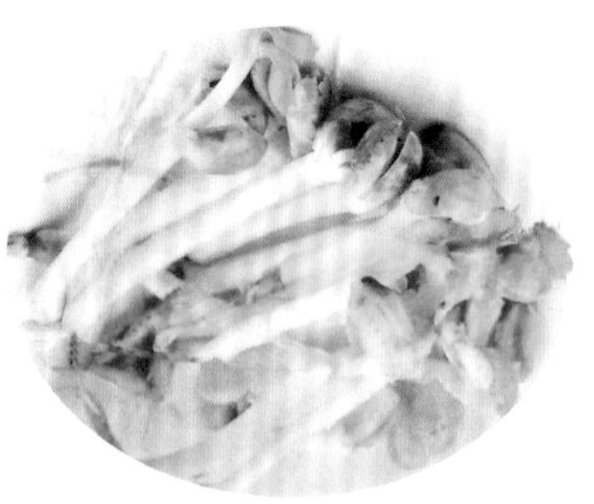

容器内催芽与收获

把第一次催芽没发芽的种子拣出来扔在容器内继续催芽，同样要 3 次喷水 3 次透气。经 6~7 天后就可长到 8 厘米左右的芽苗，叶片没展开的为上品。一般不超过 10 厘米高，可进行收获。

堆沙催芽与收获

选好一个塑料筐洗净并经太阳晒过，然后在筐内贴上一层纸巾，把沙子撒上 2 厘米厚，喷水，用筷子在沙上成排成行打上小孔，再把第一次催成短芽的种子瓣朝上根朝下埋入小孔内，然后堆上 15 厘米厚的沙，并要喷湿，坚持每天喷水 2~3 次。在室内进行沙子催芽，沙子湿度以手捏成团松开就散为准。堆沙的时间历时一周左右，即可出芽。此时芽茎已长至 8 厘米高，一般不超过 10 厘米，颜色为白色，子叶没展开的为上品。

03. 绿豆芽菜

绿豆为蝶形花科菜豆属，一年生草本植物，春末夏初播种，秋天陆续收获，剥壳晒干成颗粒绿豆。绿豆芽适宜在室内无光照的地方生产。其生产过程与黄豆芽大同小异。必须经过选种、洗种、浸种、喷水催芽等工序而成。每天早、中、晚各喷1次均匀水。一般夏天4~7天会出芽，冬天6~9天会出芽，最佳出芽时间为4~6天，视豆子的种类和气温而定。一般气温在25℃~30℃时适宜生长。

绿豆芽的生产，依如下工序进行：

浸种与催芽容器

浸种和催芽容器与豌豆芽容器大同小异，只不过数量多少有区别，催芽量大容器就要大，否则就要小，浸种前均要把容器洗净，经太阳晒干消毒。

选种与浸种

选种： 到农贸市场选购当年或隔年未经药物处理的新鲜种子。首先拿少部分试浸一下，看发芽率如何，然后再正式浸种。

浸种： 在浸种前，先把选好的种子在一盆水里沉浮一下，捞出浮在水面上的瘪种，然后再把种子搓洗1~2次，晾干水分，随即倒入浸种容器内，注入清水，水面高出种

子2~3倍。浸泡种子5~12小时，等种子发短芽为止。

催芽与收获

催芽：把浸好的种子，从中挑选出没冒短芽的种子，然后在催芽容器内的底板上铺一块纸巾，用水喷湿，随后把发短芽的种子平铺在纸巾上，铺得均匀不要重叠，把种子用水喷湿，移入纸箱或泡沫箱里盖严避光催芽，每天喷3次水，开箱透气3次，每次5~10分钟。一般夏天为4~7天、冬天为6~9天，最佳时期为4~6天出芽菜。

收获：历经催芽、喷水、遮光、透气等工序后，当芽苗长到8~10厘米时，便可进行收获。要及时进行收获，避免芽苗老化变绿，影响口感。

Vegetable
—Tips—

小贴士

绿豆芽性寒，锅炒时应加一些姜丝，以中和其寒性，适宜炎夏食用；炒绿豆芽时，油、盐不要过量，以保持清爽的口感。

炒绿豆芽时，火要旺，要快速翻炒，适当加点食醋，从而减少维生素的流失。

绿豆芽菜适宜一般人群食用，尤其对坏血病、口腔溃疡、消化道疾病、肥胖、嗜烟酒者更为适用。

04. 黑豆芽菜

黑豆为蝶形花科大豆属，为一年生草本植物，春末夏中播种，秋末收获，种子乌黑光亮。黑豆要变成黑豆芽菜，要历经选种、浸种、喷水、遮光、透气催芽等工序而成。一般夏季4~5天，秋、冬要经6~7天才会变成茎白瓣绿的芽菜。黑豆芽富含很高的营养价值，烹调成芽菜，口感特别爽脆且有浓浓的豆香味，是家庭餐桌上时尚品尝菜，众人都喜爱。

浸种容器与催芽容器

浸种容器： 选取一个透明的玻璃圆筒杯，直径为8厘米，高20厘米，在浸种前必须用清水洗净，经太阳晒干消毒浸种时备用。

催芽容器： 既可采用自制木盒，底面钻众多小孔渗水，也可在家庭中任意选择一个竹筐或塑料筐，高矮大小因家庭现存而定，均可随意。选定后一定要用清水洗干净，经太阳晒干消毒备用。

选种与浸种

选种： 到种子店选购当年或隔年未经药物处理过、乌黑新鲜种子。买回后浸种前先用一盆水沉浮一下，捞出浮在水面上的瘪种，准备浸种。

浸种： 把选好的种子，先用清水搓洗1~2次后，再把种子倒入杯中50℃的水里

搅拌浸种 15 分钟，再用 25℃～28℃的水继续浸泡 4～6 小时，等种子充分吸水，种皮充分膨胀后，用温清水淘洗干净，然后用湿布包好或放在育芽容器里保持适温 20℃左右，每隔 4 小时翻动一次，用温水淘一次，直到种子露白为止。

催芽与收获

催芽：先把催芽容器底面铺一层纸巾，喷湿水，然后把浸好的种子均匀地铺在纸巾上，用水喷湿，盖上毛巾，每天在种子上喷水 3 次，透气 3 次，每次 5～10 分钟，然后把容器移入高纸箱里关严催芽，注意在无光照的地方催芽。催芽 7 天后芽苗长到 8 厘米左右时，要开箱移到有散射光地方继续喷水催芽，但不能直接见太阳，避免芽苗老化。

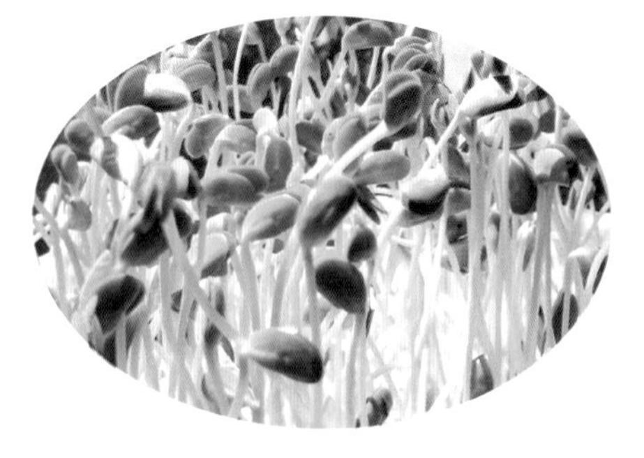

收获：经过 9 天左右的时间催芽，芽苗长到 12 厘米高时，叶子变绿了，便可进行采收。要及时进行收获，避免芽苗老化变绿，影响口感。

Vegetable Tips

小贴士

如何凉拌黑豆芽：先把黑豆芽用清水洗净，晾干水分，放入锅里用开水焯一下，时间不要太长，捞出锅晾干水汽盛在瓷盘里，然后用食醋、酱油、香油调成汁，把汁淋在瓷盘的芽菜上，稍微拌弄几下，吃起来脆嫩的、富有可口的豆香味。

05. 豌豆芽菜

豌豆为蝶形花科豌豆属，1~2 年生草本植物，每年秋末播种，来年春天至夏初收获，剥壳晒干成颗粒。如要变成豌豆芽菜，必须经过选种、洗种、浸种和喷水催芽等工序，然后才会变成脆绿的豆香芽菜。豌豆芽的特点：一次性催芽，多次性收获芽菜。

浸种容器与催芽容器

选种与浸种容器均和萝卜子芽容器一样，但在浸种催芽前都要洗净，经太阳晒干消毒。

选种与浸种

选种：种子有两种，一种为浅黄色，长得带扁形，另一种为草绿色，长得圆圆的，一般要选择当年或隔年新鲜、未经药物处理过的种子，色泽要光亮，颗粒要饱满。

浸种：把选好的种子在浸种前倒入盆水里沉浮一下，捞出瘪种，搓洗 1~2 次，然后倒入容器内，注入清水，水面高出种子 2~3 倍。首先把种子用 55℃水搅拌浸种 5 分钟，然后用 25℃~28℃温水浸种 6~8 小时直到种子充分膨胀，种皮皱纹消失，胚根初露为止。一般夏天直接用清水浸种需要 10~16 小时，冬天需要 20~24 小时。

催芽与收获

先在消毒过的容器底板上铺一层纸巾，用水喷湿，然后把浸好的种子均匀地平铺在纸巾上，随即把种子喷湿，盖上湿毛巾，或把容器放入纸箱或泡沫箱里并关盖好催芽。坚持每天向湿毛巾上均匀喷水 3 次，并每天开箱揭毛巾透气 3 次，每次 5~10 分钟。苗秧长到 6~8 厘米时要移入散射光处喷水催芽，但不能直接见阳光。

第一次收获： 催芽 8 天后，芽苗长到 10~18 厘米、叶子变绿时，从种子 3~4 厘米上方处剪断，留下面一个芽眼，继续喷水遮光催芽，让其另长新梢。

第二次收获： 当第一次收获后，时过 5~6 天，通过继续遮光、喷水、透气后新梢不断生长，时过 8~9 天后，苗长到 10 厘米以上，这时便可剪收，继续喷水催芽还可收获。

小贴士

如果房间光线很强，用黑布或黑塑料膜罩着遮光催芽。从催芽到见散射光之前，每天在室内把纸箱或泡沫箱打开，盖物揭掉，透气 2~3 次，每次 5~10 分钟，如果室内气温较高，每天多透几次气，避免芽苗萎蔫。

06. 中国萝卜子芽菜

中国萝卜为十字花科萝卜属，1~2年生草本植物。秋天播种，冬、春收获，海南地区四季均可生产。萝卜子要变芽菜必历经选种、洗种、浸种、喷水催芽、透气遮光等工序而成。催芽时在室内遮光处进行。每天要向种子喷水2~3次，透气2~3次（每次5~10分钟），当苗芽长到2~4厘米时要移入散射光处喷水催芽，时过7~9天可收获。萝卜芽菜生产最低温度为14℃，最适温度为20℃~25℃。

浸种容器与催芽容器

浸种与催芽容器同豌豆芽菜一样，只不过数量多少有别，种得多的容器要大，否则要小。

选种与浸种

选种：到农村未经药物处理的种子店选购当年或隔年的新鲜种子，颗粒要饱满，色泽要黄亮，无虫霉变的良种。

浸种：把选好的种子在盆水里沉浮一下，用筷子在水里转几圈，然后把浮在水面上的瘪种捞出，再用清水搓洗2次，倒入浸种容器内，注入清水，高出种子2~3倍，春、夏需浸种2~6小时，秋、冬温度低需浸种6~12小时，看种子颜色变淡，个体变胖，说明种子已吸水，种子已浸好。中间要注意水是否浑浊，如浑浊就要淘洗换水1~2次。

催芽与收获

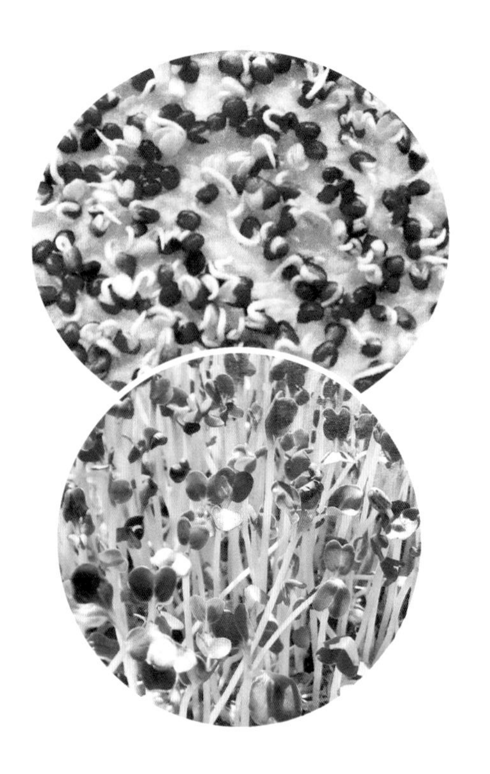

催芽：在催芽容器底板上铺一层纸巾，用水喷湿，然后把浸好的种子平铺在纸巾上，要铺得均匀，喷水，上面盖上湿毛巾，移入纸箱或泡沫箱里盖严催芽或用黑布、黑塑料布罩住遮光催芽，每天坚持喷3次水、透气3次，每次5~10分钟，当芽苗长至3~4厘米时要移入散射光处喷水催芽，但不能直接见阳光，避免芽苗老化。

收获：催芽历经7~9天后，芽苗长至8~10厘米时，叶片变绿了，便可进行收获。用剪刀从根部2个节以上剪断，便成为嫩绿可口的“娃娃菜”。

小贴士

为除掉萝卜芽菜的苦味，吃前用开水在锅里焯一下，苦味就除掉了。

营养与功效

中国萝卜枯根可利尿消肿，根煮熟后可治冻疮；种子可消食化痰。

中国萝卜适量，洗净切片煎汤加少许白糖可治季节性感冒，生吃中国萝卜可预防感冒。

中国萝卜芽菜适宜一般人群食用，很少有副作用。

豆制品部分

01. 苦槠子豆腐的制作法

苦槠，为壳斗科栲属，常绿阔叶乔木，生长十多年才结果，壳斗全包果顶微出，卵圆形或扁球形，具纵纹，果脐大，1厘米左右或不及1.2厘米，革质，下面略带淡灰色，有锯齿，略带苦味，用碱水浸泡4~5天，苦味就会除掉，农家人常用来磨成浆打豆腐食用，山区人还经常用苦槠子打豆腐当野生绿色蔬菜吃。其实用苦槠子打豆腐营养价值较高，植物纤维、蛋白质丰富，适宜一般人群食用，可用于豆制品一类。另外苦槠树，材质坚硬，适宜用来制作器具，还可烧炭烤火之用。

选子与浸子

选子： 每逢10~11月到苦槠树的树下拣取，把外壳用小刀剥掉，从而成为白色两片，为浸种做好准备。

浸子： 子剥后用清水搓洗1~2次淘净，然后放入玻璃杯里浸泡，历时4~5天，浸泡时加5克食用碱，加水后水面高出种子3~4倍，当浸泡水变深色时换用新鲜水加碱浸泡，直至水稍清为止，这才把苦味除掉。浸泡时要注意水是否浑浊，如浑浊就要淘洗换水 1～2 次。

用粉碎机打浆

当种子浸好后采用粉碎机打浆，先把种子倒入机内，加水离机口 3～4 厘米处，拧紧盖子，插电开机打第一次浆，如机器功率好，一次性可打好浆，如功率小便需要打两次。浆打好后用布袋过滤，一般打 2 次后没有什么渣滓。可直接倒入锅里烧煮。如果是一次性粉碎机打浆，要与白豆腐打浆方法一样进行。

烧煮豆浆

当豆浆磨好过滤后，倒入锅内，先用大火煮开，然后用中火边搅拌边加水，边烧火，等锅里的苦槠豆浆沸腾时加少量食碱一起搅拌，已经渐成微红色的胶液，这时必须趁热用勺把胶液舀入干净盆内冷却；1～2 小时后，盆内苦槠豆腐便凝成块状，用刀划成几块，便成为久已闻名的“苦槠豆腐”。

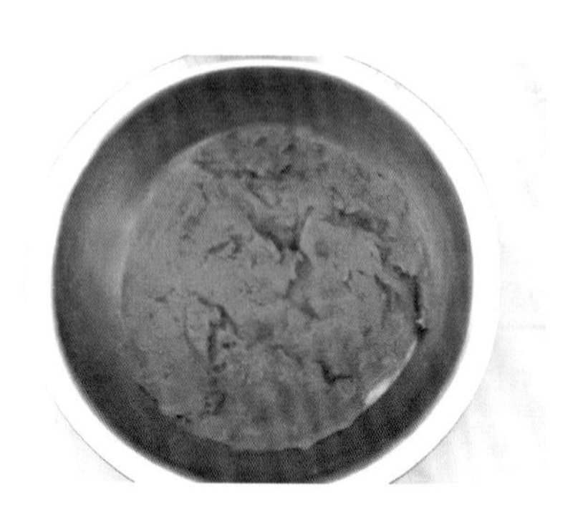

小贴士

如何烹调苦槠豆腐：要使苦槠豆腐吃起来不苦，在烹调时，除放适量油盐外，可采用酸辣椒加少量醋，并加生姜和大蒜烧炒，吃起来味道鲜美可口，无苦味。

苦槠豆腐是一种煲汤的好食料，放少量醋和酸辣椒，加些葱姜，吃起来香气扑鼻，味道宜人。

500 克苦槠子经过磨浆加工，可制作 1750 克苦槠豆腐。

02. 白豆腐的制作法

白豆腐的制作，一般采用黄豆为主要原料，也可采用绿豆、白豆、豌豆制作。传统的豆腐都是采用石膏和卤水点成的，现代豆腐的制作均是采用葡萄糖酸内脂而成。豆腐的制作首先把豆壳破去洗净，浸种、磨浆、烧煮、加石膏冲浆成嫩豆腐，入盒经压制而成。

选种与浸种

选种：到种子店选购未经转基因的黄豆 500 克，颗粒要饱满、色泽要黄亮、不霉变、不起虫、当年的或隔年的新鲜种子。先把种子用盆水沉浮一下，捞出浮在水面上的瘪种，搓洗干净，为浸种备用。

浸种：把选好处理过的种子倒入玻璃杯里，用 28℃的温水浸种 4 小时，然后用 10℃的水浸泡 6～8 小时，水面高出种子 3～4 倍，浸至种子膨胀为止。

开机打浆

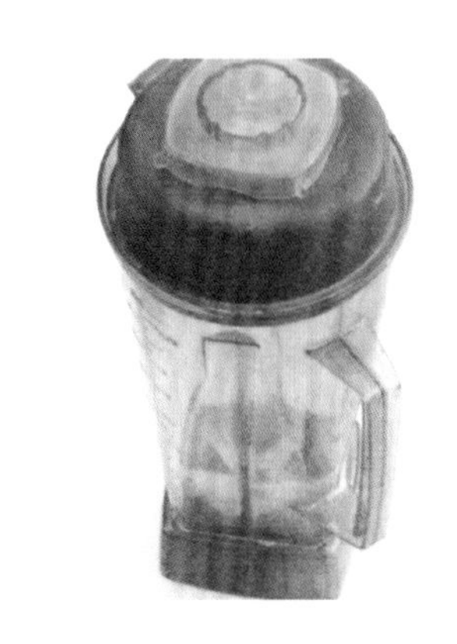

家庭打豆腐，一般采用中、小型粉碎机打豆腐。把浸好的 0.5 千克黄豆倒入粉碎机内，加水 1 千克，盖好机盖开机打浆，接着打第二次成浆，然后用 1.5 千克开水加入豆浆中，过 10 分钟后过滤。如果是一次性粉碎机打浆，打好后过滤成浆，同样要兑 1.5 千克开水。

煮浆冲石膏

把过滤好的豆浆倒入锅内兑开水 1.5 千克烧水煮开，同时把 20 克的熟石膏磨成浆撒入桶内，随即把煮开的豆浆倒入石膏浆的桶内，把桶盖好，过 5～10 分钟便成嫩豆腐。

入盒压豆腐

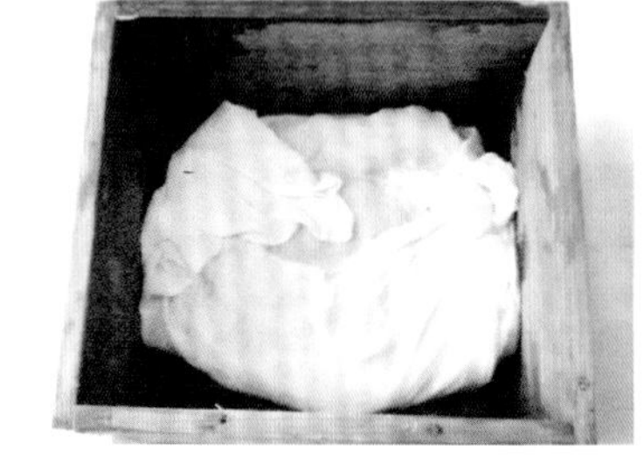

当嫩豆腐成形后，用勺把嫩豆腐舀入压盒箱内（先在盒内垫好纱布，当嫩豆腐舀入盒内纱布上后，然后把纱布翻转盖着嫩豆腐，用盖压着纱布）上面用两块砖头压着，促使盒内嫩豆腐快点压干，随后把纱布揭开，把豆腐小心倒出，摆在干净的豆腐盒底板上，从而成为一大块鲜嫩的白豆腐。

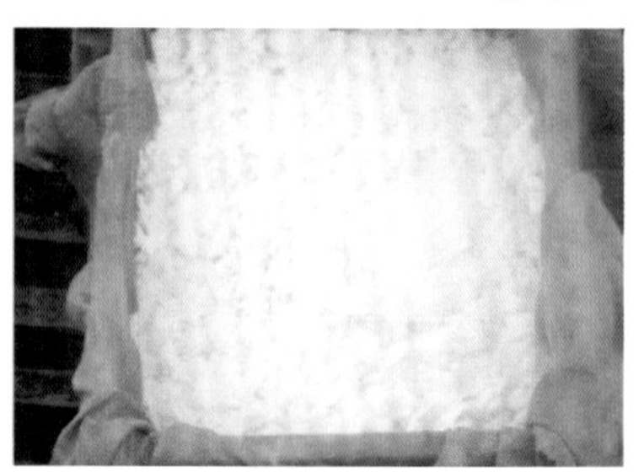

Vegetable
Tips

小贴士

如何去掉豆腐的腥味：为在烹调豆腐前减少豆腐腥味，先将豆腐切成大小一致的小块，放在冷水锅里加热，水温上升到 90℃左右时，转为微火，等待豆腐慢慢上浮，然后用勺舀出一小块用手按一下，如有一定韧性时，便可把豆腐全部捞出，浸入冷水中即成，腥味定会除掉。

在除豆腐腥味时，火不能太旺，如火太旺导致水大开，易使小块豆腐中出现孔洞，影响烹调后的口感。

03. 米豆腐的制作法

米豆腐采用米磨成浆，烧煮放碱搅拌而成；一般采用大米以早、中、晚稻米为好，但粳米、糯米打米豆腐不行，因为黏性太大，不易制作。农村采用新石灰泡碱为好。米豆腐可称为“四季菜”，一年四季可磨浆打豆腐，只要你家里有个粉碎机，打起来很方便、很容易。

选米与浸米

选米：在早、中、晚稻米中选取任何一种均可，但米要新鲜，不要霉变、不要起虫变质的米为好。

浸米：在打浆前先把米用盆水沉浮一下，捞出浮在水面上的渣滓，用水浸泡 6 小时，待米膨胀为止。

开机打浆与搅浆

把粉碎机盖拧开，米倒入机内拧紧机盖，加 1 千克水开机打浆，然后把浆倒入锅内再加 0.5 千克开水，开始烧大火煮开，边煮边搅拌，直至半熟时用小火，慢慢加入食用碱、慢慢搅拌至奶黄色停火为止。

舀熟浆入压盒

在木盒内垫好一块纱布，将煮熟米浆舀

入木盒内，然后把纱布翻转盖好熟浆，盖好木盖，2~3 小时后凉后成米豆腐。

揭盒见米豆腐

等米豆腐凉后，把木盖揭开，纱布翻开，把木盒内的米豆腐打开轻轻地取出，从而呈现出奶黄色光亮的米豆腐。自己家里做的米豆腐，真是货真价实，吃起来味道鲜美，很适合做汤吃。

Vegetable Tips

小贴士

米豆腐吃起来方便，冷热皆可。热食主要是煮着吃，里面放点酸菜或酸辣椒、食盐煮熟吃。味道鲜美；冷食主要是凉拌，加上各种调料，特别是放些醋或剁辣椒加食盐，吃起来酸辣爽口。

米豆腐适宜煮汤，放点瘦肉丝和葱花或大蒜，吃起来芳香可口。

米豆腐营养丰富，酸碱中和，软硬适中，老少皆宜。

营养与功效

米豆腐含有多种维生素，能预防和治疗大肠癌、便秘、痢疾，有助于减肥排毒，美化皮肤，养颜美容，保持青春活力。

米豆腐具有清热败火，解渴爽口等作用。夏日更兼清热解暑、解馋、解困、提神、消暑等作用。

米豆腐是一种弱碱性的食品，吃碱性食品可保持血液呈弱碱性，使得血液中乳酸、尿酸等酸性物质减少，对尿酸偏高的人群有很好的作用，还能防止乳酸、尿酸在血管壁上沉积，有软化血管的作用，故此人们把含碱食物称为“血液和血管的清洁剂”。

04. 魔芋豆腐的制作法

魔芋，为天南星科芋属，多年生球状块根植物，它喜阳光好深层肥沃土壤，用球根在春天栽培，初冬挖掘收获，大球用来制魔芋豆腐，小球继续用于栽种，等长至10厘米以上便可用来制魔芋豆腐。

魔芋豆腐的制作：历经选球、刨皮、洗净、切丝、磨浆过滤、加碱、烧煮搅拌而成。

选芋切丝

选芋： 选择一个500克左右的大魔芋，种球要壮实饱满，不要破损的、腐烂的魔芋为好。

切丝： 把选好的种球，先清洗干净，然后刨去表皮，再洗净晾干水分，切成大片，再切丝，要切成细丝易于磨浆。

开机磨浆

把粉碎机盖拧开，将切好丝的魔芋倒入机筒内（约计0.5千克魔芋），放水至机内3厘米处，拧紧机盖，开机打浆，功率大的机器一次便可打成无渣的浆，功率小的机器要打2次。浆打好后，拧开机盖过滤把浆倒入锅内，再加开水相当魔芋重的2~3倍。烧水煮浆，边烧边搅拌，当半熟时改为微火，放入约10克食用碱粉，边搅拌到全熟停火，盖好锅盖慢慢冷却。

加水煮魔芋豆腐

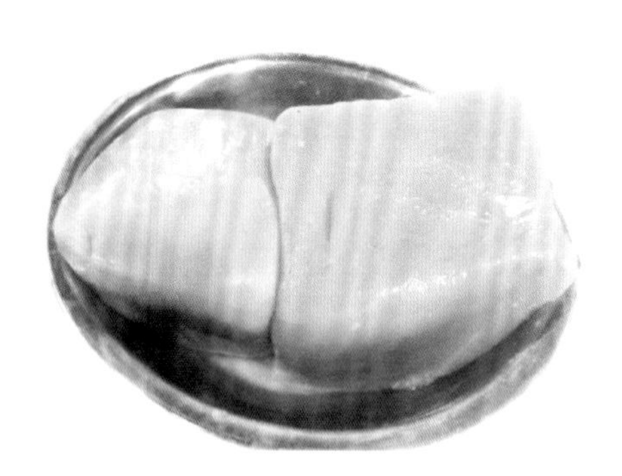

当魔芋豆腐冷却后，揭开锅盖，把豆腐划成几大块，加水盖过豆腐，烧水煮豆腐，当豆腐煮透后，揭盖让其冷却，之后把魔芋豆腐一块块捞入盆内，即可食用。一般 0.5 千克魔芋可打 1.5 千克豆腐。

Vegetable Tips

小贴士

如何食用魔芋豆腐：一种是炒着吃，里面加些酸辣椒和生姜及大蒜，先放植物油，油稍烧熟后再放豆腐，加少量水煮开，再放调料，最后放盐和酱油，翻炒几下出锅，吃起来香喷可口；另一种是烹汤吃：魔芋豆腐适宜用于烹汤食，汤内主要加些猪瘦肉丝和大蒜及少量食醋、食盐，吃起来格外酸滑可口。

魔芋适宜一般人群使用，尤其是糖尿病、高血压患者和肥胖者的理想食品。

魔芋种球生食有毒，必须煎煮 3 小时以上才能食；另外消化不良的人、有皮肤病的人要少食魔芋豆腐；魔芋豆腐性寒，有伤寒感冒症的人要少食。

魔芋豆腐如果带涩味，烹调前先在锅里用开水焯几分钟，煮烧时加少量食醋，涩味就会除掉。

05. 豆腐猪血丸的制作法

豆腐猪血丸又名血巴豆腐，其制作非常讲究。豆腐猪血丸的制作要采用当天宰杀猪的未凝块的新鲜血，豆腐采用无霉变、不起虫的黄豆制作，并且还要挑选细嫩肥瘦适中的五花猪肉，适当加些橘皮、生姜、大蒜子或蒜头、辣椒或花椒及胡椒、五香等佐料。从备料到制作烘烤，一般要历经20天左右的时间。

具体制作如下：

选料

如要制作1000克豆腐猪血丸：五花肉250克、生猪血200克（不结块的为好）、橘子皮一个、花椒5克、胡椒5克、蒜头或蒜瓣100克、红辣椒（干的为好）50克、五香、食盐适量，如要多制料要加大。

制作

先把配料洗净、晾干水分，然后把猪肉切碎，辣椒、胡椒、花椒、五香打成粉，把橘皮、大蒜切成细末，随接入盆内加豆腐猪血，揉成团，并分成若干份，然后每份揉成15~30厘米大小的椭圆形为一个，在阳光下晒一天，再一个个用手揉紧一次，每一天要揉2~3次，连续晒2~3天，等丸表皮发硬才上灶烘烤，开始一星期揉紧3~4次丸，并翻转几次烘烤。

人们喜欢在家庭窗台、阳台种花，也喜欢在窗台、阳台种菜。花开时尽情赏花，菜绿时、挂果时尽情观赏，真是一举两得，何乐而不为呢。窗台、阳台种菜，一定要选择向阳的或者上午向阳下午蔽阴也可以。春至秋可种辣椒、茄子、番茄，春至夏可种苋菜、生菜、叶用莴苣、芹菜、长短茎西兰花；秋至春可种韭菜、大蒜、大白菜、香芹菜；一年四季可种香葱；秋至冬天可种冬苋菜、菠菜等。在家庭窗台、阳台种菜不但要因地制宜选好品种，而且事先要配好基质和肥料，同时要准备好自选自制的农药，还要备好栽培容器及小铁铲、小栽耙、喷雾器及喷壶和小锄头、水桶等。

PART 2

窗台、阳台菜园

chuangtaiyangtai
caiyuan

01. 辣　椒

辣椒，别名辣子，为茄科辣椒属，原产墨西哥，一年生常绿草本，也有多年生木本山辣椒。品种众多，适合家庭窗台阳台种植的春至初冬有大辣椒，又名菜辣椒，吃起来不辣，适宜各种人群食用；牛角辣椒，形状像牛角一样，吃起来较辣，适宜家庭炒菜和剁辣椒用；朝天辣椒，是一种很辣的辣椒，湖南和四川人喜欢吃，也适宜做辣椒豆豉生姜罐头；还有一些红、黄或变色五彩观赏辣椒，也适合家庭观赏之用。辣椒属阳性植物，喜欢光照，生长适温为25℃~30℃。

播种容器与基质

播种容器：选取自制木制盒分多格，底板钻孔渗水，每种辣椒播种为一格，播种前要洗净，经太阳晒干消毒。

基质：辣椒适宜疏松、肥沃稍带沙性的播种、栽培基质。可采用山叶土40%、园土30%、木屑10%、河沙10%、饼肥10%，堆沤2~3个月，翻开晒干捣碎，拣出碎石和渣滓，室存月余备用。

选种与播种

大辣椒　牛角辣椒　观赏辣椒

选种：根据自己的爱好和喜欢选取辣椒品种（如右图几个品种）。种子买回后播种前先用盆水沉浮几下，用筷子在水里转几个圈，把浮出水面上的瘪种捞出，把沉入水底的种子淘洗干净晒干。

播种：先在容器四格里垫好颗粒排水层，放好底肥和基质，稍微压实喷透水。然后用细炉灰和匀种子，均匀地分别按种子排名撒入各格，上面再盖 2 厘米厚的细炉灰，喷湿，盖好膜，在阳光下催芽。气温在 20℃~25℃下，历时 6~10 天，种子会出芽吐露基叶，揭膜养护。

间苗与养护

间苗：当苗秧长至 2~3 片真叶时，对密集地方的苗秧要进行间稀，加强“综合水”浇施，让苗秧长壮实一点。

养护：当间苗后，保持苗秧基质间干间湿外，每周进行一次“综合水”浇施，10 天之后用生花生、生黄豆与“综合水”一起浸泡 10 天后兑 50%~60%的水逗苗。

栽培容器与栽培

栽培容器：选取透气性较强的陶瓦盆为栽培容器，可分大、中、小三种，栽培前先用清水洗净，经太阳晒干消毒。

栽培：当辣苗秧长至 12~15 厘米高时，按民间通俗“天晴栽辣，落雨栽茄”进行栽培。栽时注意放好颗粒排水层和粗土，加好发酵的饼肥，然后把苗秧放入中央，用基质慢慢围堆，稍压实，浇透压蔸水，最好是日落西山时进行栽培，移入半阳无雨淋的地方养护，5~6 天后再向阳。

栽后养护与立杆

栽后养护：当苗秧栽培成活后，除保持基质间干间湿外，开始用自制“综合水”逗苗，10 天后用生花生、生黄豆捣碎加菜枯饼肥泡在“综合水”内，10 天后兑水 60%~70%，每周浇 1 次；骨头泡水 10 天后兑水 60%~70%，每周浇 1 次。

立杆：当苗秧长到 25 厘米高时在辣椒旁立一根 1 米高的竹竿，并用绳索捆牢，以防大风刮倒。

青椒的收获

从辣椒开花到果实充分膨大，大约需要 30 天，当大辣椒长到 4~5 厘米大时，一般 5 月下旬 6 月上旬青椒便可收获。收获前先用手捏一下辣椒，如较硬，正处收获期，如感到较软还不能收获，待几天再收获。

红辣椒的收获

当青辣椒长到紫红色或亮红色时，也用手捏一下，如感到很硬，在 8 月中旬第一批红椒便可收获。如颜色红透，用手捏一下，感到松软，说明辣椒熟得过度，必须赶快收获，否则引起辣椒腐烂。

观赏辣椒观赏期与收获

观赏期：当彩色辣椒由白花落成小辣椒后，由黄变紫乌色到红色，这正处于彩椒观赏期，把它陈设在室内厅堂、书房，显得格外新颖可观。彩椒的观赏期较长，有的品种可长达 3 个月以上不凋谢。

收获：如要食用，当彩椒黄亮、红亮时，用手捏一下感到辣椒坚硬不软，便可采摘食用，如要留种等彩椒红亮后再采摘，用清水洗净表皮，舀一盆清水，把彩椒用快刀破开，用牙签把种子挑入水盆中，用筷子在水盆里转几圈，把浮在水面上的瘪种捞出，然后把沉入水底的种洗净、晒干，按品种分别留种，分别用小瓶沙藏，标好品名字号。

02. 茄子

茄子为茄科茄属，一年生草本植物，原产亚洲热带，春末播种，夏天和秋天收获。茄子种子萌发适温为24℃~32℃，苗期生长温度为20℃~28℃。茄子喜欢充分的光照，不耐阴，属阳性植物，喜欢在疏松肥沃的基质中生长。茄子最大的特点就是根系发达，扎根较深，吸肥水量较大，长势丰满，挂果结实，坐茄率较大。其中紫色的比白色的吃起来口感要滑润一些。茄子从开花到收获约计20天。从中夏到中秋不断挂果。到了8月如把留下长势好的侧枝进行修剪，并加强肥水养护，促使开花挂果，定有秋茄收获。

容器与基质

容器：选取透气性较好的陶瓦容器，一般分为大、中、小三种。在栽培前先用清水洗净，经太阳晒干消毒备用。

基质：茄子在栽培前3~4个月里堆沤肥沃基质，可按本书序篇中的方法配制堆沤基质，但茄子好肥性强，因此在堆沤基质中要增加饼肥 5%(或增至 10%)，另外为多开花多挂果还要增加 10%的骨粉。

选苗与栽培

选苗： 在农贸市场上选买茎秆壮实、叶片肥厚，叶柄带紫红色的苗秧，最好是用营养袋培育的苗为好，便于栽培，容易成活。

栽培： 栽茄子一定要选择好天气，俗话说："天晴栽辣，落雨栽茄。"因为茄子叶子大而薄，不能晴天栽，只能阴天或雨天栽培。

养护与立杆抹芽

6 月上旬当茄苗长到 40~50 厘米时，在茄株旁立一根 1 米左右高的竹竿，为避免大风吹倒茄株；在南方 5 月下旬，当茄子开第一朵花后，花的下部只留两个侧芽，其余全部侧芽抹掉，促使养料供给花果上。

收获与整枝

收获： 每当 6 月上旬 ~10 月中旬茄子开花结果后，长到 12~15 厘米长时，陆续进行收获。

整枝： 为了多结茄子，8 月中旬至 9 月中旬对侧枝进行整修。每当收获后侧枝上开花后，把花前一片叶子和最下一片叶子留着，其余叶子和心摘掉，让其养料集中到花果上。

更新修剪

为多结秋茄，在7月下旬8月上旬对茄株进行一次更新修剪，把主枝和侧枝只留2~3片叶子，其余全部剪掉，加强肥水养护，促使多长新梢、多开花、多结秋茄。

在更新修剪后，要松松表土，加强肥水管护。历经15~20天又会开花结果，15天后可进行秋茄收获。

Vegetable Tips

小贴士

巧切茄子不变色：切茄子时要快切，在变色前，要快速放入油锅里煎炸，直到把变黑的水分炸干，炒熟时既不变黑又容易入味。为烹调茄子不变色有如下两法：

其一，烹调茄子时，在锅里加几滴柠檬汁，茄肉可变白不变黑。

其二，在炒茄子时加少许醋，可确保茄子不变色。

03. 番 茄

番茄，别名西红柿，又名洋柿子，为茄科茄属，成熟后多汁浆果，一年生草本植物，喜光照，生长适温为24℃~28℃。原产南美秘鲁和厄瓜多尔。它的品种较多，鲜食用品种约计40个；罐藏用品种11个；樱桃番茄品种11个，其中有圣果、京丹1号、沪樱932号等。番茄适宜春末夏初播种，夏中开始收获。适宜家庭窗台、阳台种植品种有红果番茄（大果）、黑珍珠番茄和圣果（又名圣女果）、黄寿桃番茄，这些番茄易于繁殖和栽培，农村、种子商店都可买到这些种子。这些品种坐果率高，又易于养护，适宜观赏，适宜生、熟两食，喜阳光，不耐阴。

容器与基质

容器： 与茄子的容器一样，选取陶瓦容器，同样分大、中、小三种，在栽培前先用清水冲洗干净，经太阳晒干消毒。

基质： 按照序篇中配制的基质进行，栽培前再一次把基质经太阳晒干为宜。

选种或选苗与栽培

选种或选苗： 如要栽培品种较多又便于观赏，便可到种子店选买自播繁殖育苗的种子（如播辣椒种一样进行）；如想不费事可到市场购买现成带袋的苗秧，一般大果品种叶子要肥大，小种叶子要细小。一般选些茎

壮、叶厚肥大的苗秧为宜。

栽培：自播苗长至10~12厘米高，趁阴天下午带土球用干基质栽植；选购苗是袋苗，在任何天气都可栽培，如不是袋苗则与自播苗一样方法进行栽培。值得注意的是：栽时注意垫好瓦片，加好排水层和发酵过的底肥或把生花生、生黄豆捣碎隔一层较厚的基质后进行栽植，趁阴天下午进行，栽后，浇湿压蔸水，移入无雨半阳处养护5~6天后再向阳。栽后最好每株苗旁插一根小杆，用细塑料绳捆上不倒为好，从而帮助小苗直立朝阳。

养护与立杆

养护：当苗秧成活后移入向阳的窗台、阳台养护，保持容器内基质间干间湿外，先用“综合水”浇施逗苗，当苗株长到15~20厘米高时，就采用捣碎生花生、生黄豆与饼肥一起浸泡10天后兑水60%~70%，每周浇施1次；当株长到开始现花蕾时就改用碎骨头、草木灰、饼肥泡水10天兑水60%~70%的肥水，每10天浇施一次。不要浇得过浓过勤，避免植株徒长。

立杆：当苗株长至25~35厘米时，在苗株旁立一根1~1.5米长的竹竿，并用塑料绳捆上，防止风刮倒。

抹芽和摘心与疏果

抹芽和摘心：当苗株长至60~70厘米高时（5月上旬至8月上旬）把以下的侧芽都要抹掉，当苗株长到80~100厘米时要把顶芽摘掉，控制长高。

疏果：当植株挂满密果时，要及时把一些弱果、密集小果疏掉一些，让其通风透气，促进果实长得肥大、光亮一些。

收获

当果实着色显得红彤彤时，正处收果期，必须及时收获，避免熟透果烂。

小贴士

男人多吃番茄好：番茄中含有大量番茄红素，有预防前列腺癌的作用，煮熟吃抗癌效果更明显。且饭后吃。

菜中放盐多了怎么办：做汤时如果放盐多了，可在汤里放几片番茄，煮2~3分钟把番茄捞出，就会减轻汤的咸味，同时不会减淡汤的鲜味。

营养与功效

番茄中的维生素和矿物质元素丰富，对心血管有保护作用，能减少心脏病的发作。

番茄营养丰富，能美白皮肤、美容抗衰老。

番茄中含有丰富的维生素C，能生津止渴清热解毒，具降压作用。

04. 苋菜

苋菜，别名苋青，为苋科苋属，原产热带美洲，在我国南方春夏普遍种植。它适应性较强，对土壤要求不高，但适应偏碱性的土壤，抗干旱较强，湿水适中，肥料以氮肥为主，适宜“综合水”浇施。苋菜是一种淡季菜，其他蔬菜尚未出世，苋菜正在及时供应。苋菜喜光照，生长适温为25℃~30℃。

容器与基质

容器： 采用透气性较强的杉木板自制苋菜播种容器，规格为75厘米×45厘米×20厘米（长×宽×高），数量2个。基质：选取山叶土40%、菜园土30%、木屑、灰烽火煤灰15%、河沙10%、发酵过干饼肥5%，混合捣碎，拣出碎石和渣滓，室内存放月余后播种备用。

选种与播种

选种： 选择适合家庭种植的苋菜品种有彩叶苋菜、绿叶苋菜和红柳叶苋菜等。这些苋菜种子萌发力强，易于播种，便于养护，适合家庭窗台、阳台小面积种植。

播种： 在播种前先把容器用清水洗净，经太阳晒干消毒，然后在容器底板上铺一层排水层（炉渣），放好底肥铺好基质，稍压平用水喷湿，因品种不同而与细炉灰和匀分别在容器内撒种，上面盖一层2厘米厚的细炉灰，用喷雾法喷水。为防止下雨冲

打种子和幼苗，用竹片在容器内发弓，扎制遮雨罩，下雨时及时用塑料薄膜罩着，雨停揭开向阳养护。

间苗与养护

间苗：当种子萌发露出基质后，暂时不能洒大水，只能喷雾，避免芽苗倒塌，等苗长至 3 片真叶稍壮实些再洒水。这时把密集的苗秧间稀些，促进苗秧长壮实些。

养护：当间苗后，及时加强肥水养护，除保持容器内水分间干间湿外，每周用“综合水”喷施一次，促使苋菜叶肥茎壮。

分批收获

红苋菜收获：当红苋菜经播种、间苗、浇水施“综合水”后，历经 12～15 天，长到 20 厘米高时，便可收获（摘茎叶收获），每收获一次施肥水一次，可进行多次收获，直到开花结果为止。

青柳苋菜收获：与红苋菜一样，经播种（直播）、间苗、浇水施“综合肥水”，历经 12～15 天长到 20 厘米高时便可摘茎收获。每收获一次，加强肥水养护一次，可进行 3 次以上的收获。

花苋菜收获：当花苋菜经播种、间苗，肥水养护后，历经 12～15 天苗株长到 20 厘米时便可进行收获，可进行多次收获直到开花结果为止。

小贴士

烹调苋菜时间不要过长，火要旺，快速炒为宜，避免营养流失。苋菜中含有很多水分，烹调苋菜时不要加水，否则炒出来的苋菜味道不爽口，感到淡淡的。

烹调苋菜时适宜加些生大蒜，味道会更好。苋菜与螃蟹同食，易引起中毒；苋菜与鳖肉同食，易引起消化不良。

营养与功效

苋菜性味甘凉，全株清热明目、清肝解毒，凉血散瘀、利大便。苋菜中含有丰富的蛋白质、脂肪、糖类和多种维生素及矿物质，有利于强身健体，提高人的机体免疫力。

苋菜中不含草酸，其中含有大量钙和铁，易被人体吸收，也可促进儿童的生长发育。

苋菜适宜一般人群用，尤其适合老年人、幼儿、妇女、临产、孕妇及减肥者食用，但胃肠有寒气、易腹泻、阴盛阳虚体黄、脾胃便溏者不宜食用；脾胃虚寒者忌食。

05.生菜

生菜为菊科莴菊属，一年生草本植物，原产地中海沿岸，生菜是半耐寒的蔬菜，喜冷凉气候，既不怕寒又不耐炎热，适宜在平均气温10℃~22℃的季节生长。种子萌发适温为15℃~20℃，温度达到25℃时发芽率明显下降，苗期生长适温为15℃~20℃，当白天20℃~25℃、夜间10℃~12℃时苗株生长为良好。生菜易于种植，便于养护，家庭适合在春、夏、秋、冬种植。但光照不能太强，半日照为宜，光照过强易于引起徒长抽薹，叶片老化。一般春天播种5~6月收获；秋天播种10~11月收获。同时生菜一年四季均可种植，为优质沙拉菜。

容器与基质

容器：选用中号陶瓦盆，洗净晒干。

基质：采用山叶土、土杂肥土、园土、河沙、发酵饼肥混合而成，经太阳晒干捣碎备用。

选苗与栽培

到市场上菜农手里选取生菜品种，在阴凉天进行栽植，栽时用培养土稍把蔸压实，要注意放好果粒排水层和加好底肥，浇好压蔸水，历经5~6天遮阴再向阳。

养护与剥叶收获

当菜苗经栽培成活后，及时进行"综合水"养护，当苗株长到 20 厘米高、25 厘米宽时，可从外至里进行剥叶收获。剥叶后及时锄松表土，进行肥水养护，促进叶片长多、长嫩、长大，茎秆长粗，再过 15~20 天又可收获。

养护与割蔸收获

适宜割蔸的生菜为结球生菜，但比散叶生菜难种一些，只要管理得当，浇水施肥合理也是容易种的，它的特点是叶片包得紧，里面的叶片脆嫩，吃起来爽口鲜美。当茎叶长到 20~25 厘米时，便可割蔸收获。

小贴士

炒生菜，时间不能过长，火要旺，要炒得快，吃起来可确保生菜的脆嫩可口味道。

烹调生菜时，不用刀切，避免叶片上有金属的气味，用手撕片，确保生菜的口感。

生菜不能与蜂蜜同食，易引起腹泻。

生菜不能与南瓜同食，易影响维生素的吸收。

小香葱为百合科葱属，多年生草本。喜冷凉。较耐寒，不耐热，炎夏为休眠期。在3℃~7℃中都能生长，适宜生长温度为15℃~25℃，高温期生长缓慢，并且茎秆易于腐烂，对日照要求不严，每天能晒半天阳光就可以，比较耐旱，但怕积水，可采用分株繁殖，适宜春、秋进行，适合家庭窗台、阳台种植，是千家万户不可缺少的调料菜。

容器与基质

容器：在栽培前选取透气性较好的中号陶瓦盆，用清水洗净，经太阳晒干备用。

基质：采用山叶土40%、园土30%、土杂肥15%、河沙10%、发酵饼肥15%，混合晒干备用。

选种与栽培

选种：到菜市场选一把10多根带须根的香葱，分成若干股，每股3根，把残叶剪掉，为栽培备用。

栽培：适宜在春天3月、秋天9月，用培养土和陶瓦盆在阴天进行栽植，栽时注意加好颗粒排水层和底肥，栽后浇好压蔸水，移入半阴处养护5~6天再向阳。

栽后养护

葱栽活后加强肥水养护，除保持盆土干间湿外（千万不能盆内积水，避免烂蔸），每隔5~6天施一次淡质氮肥，以“综合水”浇施为宜。

分蔸收获

当香葱经养护长饱满后，每丛长到8~10根时，用小刀从中分取4~5根（每丛都可分取，但不宜摘葱收获，避免腐烂死亡，分后适当松松表土，浇施水肥，促使再长新株。

小贴士

香葱夏天为休眠季节，肥水不能过多，否则易于引起烂蔸死亡，适宜在凉爽的地方养护。

香葱适施腐熟的饼肥或腐烂的生花生、生黄豆水肥，千万不能施生肥，易于引起根蔸腐烂。

香葱在炎夏中午要严防烈日暴晒，避免叶片干尖。

07. 空心菜

空心菜，别名蕹菜、竹叶菜、通菜等，为旋花科红薯属一年生蔓性草本植物，产自热带。水陆均可生长，营养价值较高，适用性强。其品种有子蕹、藤蕹两种。繁殖很简单，既可播种又可扦插，还可根蔸栽培。喜氮质肥，养护容易，土壤要求不严，喜阳光好温暖，怕寒冷，有霜冻的地方冬天不宜种植，生长适温为23℃~28℃为宜。叶片光滑，有深绿、浅绿两种，适宜在春夏秋生长。它是家庭常食的一种绿色蔬菜、其味道可口滑润。

容器与基质

容器：选用中号陶瓦盆，经洗净太阳晒干备用。

基质：采用与香葱一样的基质，栽前要经太阳晒白杀菌。

选苗与栽培

选苗：在春天或秋天到菜市场买一把带根的空心菜，留两片节叶，从靠近节疤上剪断，上节可以选吃，根蔸可做栽培备用。

栽培：趁阴天用培养土和中号陶瓦盆进行栽植。栽时注意放好排水层和底肥，栽培后浇透压蔸水，移入半阴地方养护 4~6 天后再向阳。

养护与收获

养护： 当栽培成活后要注意修剪和肥水养护。栽后易出现黄叶黄茎，要及时剪除，避免影响生长，并用带氮质“综合水”逗苗，促苗秧快速生长。

第一次收获： 当空心菜经肥水养护长到20厘米高时，保持2~3个节，从节上分别剪断进行第一次收获，收获后松松表土，加强肥水养护，促使茎叶再继续生长。

第二次收获： 当第一次收获后，及时加强肥水养护，菜苗长得翠绿可爱，约长到20厘米以上时又可进行摘取茎叶，进行第二次收获。只要不断养护好，还可以进行多次收获，直到老化为止。

Vegetable Tips

小贴士

如空心菜因天气炎热失水发软时或枯萎，在炒制前先把菜条放入清水里浸泡半小时，可恢复原状鲜嫩、翠绿，便于选菜烹调。

烹调空心菜时，火要大，并要快炒，避免营养素流失。

烹调空心菜时要把老梗摘去，以免吃起来生涩难咽。

空心菜适合一般人群食用，尤其适合便血、血尿、“三高”患者以及口臭者食用；但体质虚寒、大便溏泄者不宜多食；血压偏者、胃寒者应慎食。

08. 韭 菜

韭菜，为百合科葱属，多年生草本。喜冷凉，不耐高温，繁殖可采取播种和分蔸栽培。播种适宜在春天 3~4 月间，发芽温度为 15℃~18℃，生长适温为 15℃~25℃。韭菜喜阴凉，早上至 10 时下午 5 时 30 分后晒太阳，炎夏中午遮阴。春天播种长得慢，分蔸栽植苗长得快，尤其到了夏天处于休眠期，基本不长，叶子细弱，这时最好放在半阴处养护。秋天天凉又开始生长可收获 1~2 次。冬天 10℃左右叶子有点萎蔫，要坚持浇水见干见湿，春天来到又开始生长，长到初夏，可收获 3~4 次，每次收获相隔 20 天左右。

容器与基质

容器： 栽培前选取中号或大号陶瓦盆，用水冲洗太阳晒干备用。

基质： 采用栽香葱一样基质便可，栽前要经太阳晒干。

栽培

在春天选取植株长得翠绿的种苗，如要见效快，选取中蔸苗株，原蔸不分进行栽植，活后稍养护便可收获。栽时注意放好排水层加好底肥，浇透压蔸水；也可栽后割掉韭菜用炉灰堆蔸让其生长。

栽后养护

当苗株栽活后，除保持盆土间干间湿外，适当松松表土，加强氮汁肥水浇施，以“综合肥水”为主，结合交叉泡浸菜枯饼或碎生花生、黄豆水，5~6 天浇 1 次，炎夏控制施肥，适当浇水，保持盆土稍湿润便可，移入阴凉处养护为宜。

收获

当经过 20 天肥水养护后，当苗株长到 20 厘米高，叶片长得翠绿时，便可用剪刀割取进行第一次收获。收获后松松表土，用草木灰堆蔸，加强肥水养护春至夏每隔 20 天左右可收获一次，秋冬收获次数少一些，看实情进行。

小贴士

韭菜可分宽叶和窄叶韭菜两种，宽叶韭菜叶片长得肥厚翠绿，窄叶韭菜叶片长得窄些，但香味可口。

初春时期韭菜品质最佳，晚秋稍佳，炎夏最差，甚至不可收获。隔夜韭菜不能再吃。

09. 紫 苏

紫苏，为唇形科紫苏属，一年生草本。种子在 8℃以上便可萌芽，生长适温为 18℃~25℃，开花适宜温度为 26℃~28℃。喜湿润不耐干。为多长茎叶，要保持阳光充足，从而控制开花期过早。其品种有 3 种：一种面青背紫，一种全叶紫色，另一种叶片白色，叫白紫苏。紫苏叶片芳香，适宜烧鱼做汤配料，繁殖栽培简单。

容器与基质

容器： 选择一个大号陶瓦盆或家庭任何漏水盆都可以，洗净晒干备用。

基质： 紫苏要求栽培基质不严，一般园土和山叶土混合晒干捣碎，捡出碎石和渣滓便可。

选苗与栽培

选苗： 春天到农贸菜市场选买带根的秧苗，最好叶片是全紫的，或者面青背紫也可以。数量因盆盎大小制宜。

栽培： 苗选好后，先放好排水层和底肥，加好培养土至盆大半腰部，然后每盆以 7~8 株用土堆栽，栽后稍压实，移入半阴处浇透压蔸水，养护 5~6 天后，等紫苏叶片回阳后再移入向阳处养护。

养护与收获

养护：当苗秧成活后，除保持盆土间干间湿外，每隔 4~6 天浇 1 次“综合肥水”，盆土紧后用竹签松松表土，坚持在向阳处养护，炎夏中午适当遮阴，避免灼伤叶片。

收获：经肥水养护后，历经 20 天左右叶子长到 15 片时，从蔸保留两个叶节，从中剪断进行收获，之后松松盆土，保持盆土间干间湿，仍旧每隔 4~6 天浇施 1 次肥水，照此下去可进行 3 次以上的收获，直到开花结籽老化为止。老化后拔蔸晒干留着药用。

小贴士

紫苏叶收缩卷曲原因何在，一般是红蜘蛛或螨虫侵害。翻开叶片一看，如是红蜘蛛，可用水刷洗背叶，把盆倾倒刷洗，不让虫水流入盆内；如果是螨虫，一般药物不能治愈，只有采用灭扫剂、杀螨醇。哒螨酮可根治。

收获紫苏茎叶时，注意在茎叶长得肥大、鲜嫩时进行，切勿等茎叶老化时再摘取，吃起来带涩味，口感不佳。

紫苏叶具有强效的杀菌和防腐功能，通常和调料混合搭配使用。此外还富含矿物质和维生素等营养素；也经常用于中药，具有发汗散热、止咳等功能。

10.落 葵

落葵，别名苿苋菜、木耳菜、藤菜、豆腐菜、软叶菜、胭脂菜等，为落葵科落葵属一年生藤蔓草本植物。原产于我国和印度及非洲热带地区。落葵为速生型绿叶蔬菜，适应性较强，除炎夏易害斑叶病，其余很少病虫害。它根系发达，茎肉质厚，光滑无毛，分枝强壮，单叶互生，近圆形，长卵形，先端钝，微凹，肉质光滑，叶片翠绿光亮，穗状花序，腋生两性花，白色或紫色，种子皮黑紫色，喜温暖，耐高温高湿。繁殖可采取直播或选苗栽植，发芽温度为20℃，生长适温为25℃~30℃，在高温多雨季节生长良好，怕霜冻。适宜肥沃疏松沙质土壤生长。

容器与基质

容器： 选用白泡沫塑料箱为宜，箱底钻7~8个排水孔。规格因现成箱大小制宜。

基质： 采用栽香葱的基质为宜，另外多加发酵饼肥。

选种与播种

选种： 落葵有红花和白花两种，而红花落葵中又分赤色落葵、青梗落葵和广叶落葵，一般家庭适宜种植叶大的广叶落葵。

播种： 从春天4月至初秋均可播种。在播种中注意加好颗粒排水层和底肥，盛好培养土，先整平土喷透水，把种子直播在箱土面上，再盖好 2 厘米厚细炉灰和薄膜，移入向阳处催芽。

间苗和养护

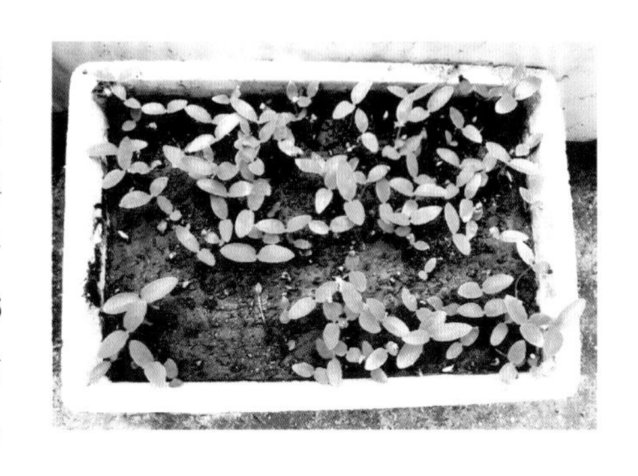

当播种后历经 10～15 天种子萌芽长至 2～3 片真叶时，对长得密集的地方进行间苗，把间下苗秧还可进行栽培的，让其长得粗壮些，另行定植。间苗后除保持箱土间干间湿外，还要适当进行肥水养护，以 5～6 天浇施一次“综合肥水”或用生花生、生黄豆和饼肥泡水一周后兑水 60% 进行施肥，促使枝叶长得肥大壮嫩。

收获

第一次收获：当播种出芽后历经 30～60 天的肥水养护，当菜株长到 15～20 厘米高时便可摘茎叶进行第一次收获。

第二次收获：当第一次从蔸上二节上摘取或割取收获后，历经 15～20 天的肥水养护，茎叶长至 15 厘米时可进行第二次收获，如继续加强肥水养护可进行多次收获，直到开花结果老化为止。

营养价值

落葵富含有维生素 A、维生素 B、维生素 C 和蛋白质，脂肪含量少，并含有钙，经常食用有降压益肝、清热凉血、利尿、防止便秘作用。其含钙量很高，为波菜的 2～3 倍，含草酸极低，是补钙的最好蔬菜。

11.大蒜

大蒜，别名胡蒜、独蒜等，为百合科葱属，一年生常绿草本植物，其栽培可分水养和土插法两种，下面介绍土插法。土插先要选好蒜种，到菜市场选购个头大带紫微红色的蒜瓣，买回后把蒜头剥开分瓣，然后用水浸种5~6个小时，促使种子冒短芽为止，随即准备好插种肥料，备好插种容器，洗净晒干消毒，配制好插种土壤，选好插种时间，然后才能进行插种。发芽温度为16℃~20℃，幼苗期温度为12℃~16℃，可适应短时−16℃和长时−3℃~5℃的冬天月平均低温为−6℃的地区，秋播可在陆地过冬。

播种

秋天8~9月间在盆盎培养土里插种，插后盖上碎草，喷透水在阳光下催芽。栽蒜：第一，土壤要疏松肥沃，含有机肥成分高；第二，底肥要施足，并要发过酵的肥，底肥足大蒜才长得粗壮嫩绿，浇肥不如加底肥好；第三加好排水层。插种既可经浸种后又可不浸种直接在盆里插种，只不过长得慢一点。

养护

插种后嫩苗伸出碎草后，保持盆土间干间湿外，每周还要浇一次“综合水”，加部分捣碎的生黄豆泡水6~10天后兑水50%的水浇施，促使蒜苗长壮嫩。

收获

插种历经浇水施肥20天左右，蒜苗长至20厘米高时便可进行收获。收获可分两种方法进行：一种采用割茎，从茎出土3~4厘米高进行剪断收获，剪后再加强肥水养护，让其再长嫩叶，经25天左右又可进行第二次收获；另一种采用拔蔸收获，把蒜苗从土里直接拔出一次性收获，家庭收大蒜两种均可采用。小贴士和营养与功效参看水养大蒜部分。

经验之谈

如何选大蒜栽种：家庭栽种选择大蒜种皮带紫色的、个头大的蒜头种，这种大蒜生长的枝叶肥嫩，食起来香味好，且大蒜头既长蒜头又长蒜薹，适合家庭种植。千万不要购买转基因蒜头种植，这种蒜头是不会萌芽生长，最好到农村去挑选为好。

12. 菠菜

菠菜，别名菠棱、赤根菜、波斯草等，为藜科菠菜属一年生常绿草本植物。一般采取春秋两季播种，而以秋播为主，时间在8月中旬至9月上旬进行为最佳。播种后30~40天便可分批收获。土壤要求疏松肥沃，保水保肥、排灌条件良好的沙质土壤。生长适温为15℃~20℃，喜光照。

菠菜茎叶柔软滑嫩，味道鲜美，常食不厌的一种绿色蔬菜。它含有丰富的维生素C、胡萝卜素、蛋白质及钙、磷等矿物质，对人体大为有益，是一种最佳的时尚蔬菜。

容器与基质

容器： 到蔬菜店或水果店选购一个大小合适的泡沫箱为播种容器，在底面钻3排排水孔，每排3~4个孔，然后用清水洗净经太阳晒干消毒备用。

基质： 采用菜园土40%、山叶腐殖质40%、河沙10%、饼肥10%（发酵过的）混合而成，经太阳晒干、捣碎而成。

选种与播种

选种： 到种子店选购带长叶子、根系会长得粗的种子，且是当年的新种，不是过时发霉的陈种。播种前把种在太阳下晒一下再播种。

播种： 先垫排水层和底肥，然后把配好的基质盛入泡沫箱内，不要盛得太满，离箱

口 3~5 厘米处，把基质整平，洒透水，然后用细炉灰和种，均匀地撒入基质平面上，再盖 2~3 厘米厚的细草木灰，用喷雾器喷湿水，盖上膜在阳光下催种，在温度 20℃~25℃条件下，历时 5~7 天种子会出芽。

间苗与养护

间苗：当幼苗长至 2~3 片叶子时，对过密的苗株进行间稀，间苗时注意轻手灵巧进行，避免带松其它幼苗，最好是阴天进行。

养护：间苗后除保持基间干间湿外，时过 4~5 天后要加强肥水养护，以氮肥为主适当掺加钾肥，也可采用“综合肥”加生黄豆或生花生捣碎或用菜枯浸水 10 天左右兑水 60%，每周浇施一次，从而促使幼苗加快生长。

收获

当播种历时 30~40 天后，在适当的肥水养护下，苗株长至 20 厘米左右时，可进行 2~3 次收获，第一次把长得壮实的苗株进行选拔收获；再继续加强肥水对小株苗养护，待苗长至 18~20 厘米时，再进行第二次选拔大株进行收获，如此类推可进行第三次收获。

13. 香 菜

香菜，别名委荽、胡荽，又名芫荽菜等，为伞形科芫荽属一年生草本植物。家庭窗台、阳台于秋季 8~9 月播种，历时一个月养护便可陆续拔苑间株收获。土壤要求：保水保肥力强，含有机肥疏松沙质土。

香菜可分大叶和小叶两个品种。大叶品种叶大植株较高，收获产量较高；小叶品种，植株矮小，叶片小，缺深刻，香气较浓，能耐寒，适应性强，产量较低，但一般家庭都喜欢种小叶品种。香菜冬天喜光照，生长适温为 15℃~25℃。

容器与基质

香菜的容器与基质采用菠菜的容量与基质，如种植面积多少不同，采用的容器与基质不一。

选种与播种

选种： 如要产量高的可到种子店选买大叶品种，如要浓香的可到种子店选买小叶品种，但都要选买当年的新鲜品种，而且是不霉变不变质的品种。播种最好是阴天进行。

播种： 把备好的容器泡沫箱打穿 3 排底孔（每排 3~4 个），用清水冲洗干净，经太阳晒干消毒，然后放好排水层（4~5 厘米厚），加好粗土，施好底肥，然后盛满基质至箱口边 3~4 厘米处，并压平，喷透水，把种子与细炉灰和匀，撒播在箱面基质上，再盖一层 2~3 厘米的草木灰，用水喷湿，盖膜在阳光下催芽。值得注意的是：在播种前先要把坚硬种壳放在地板平面上，用木板轻轻压破硬壳，从而确保播种出芽率高。发芽温度在 18℃～20℃，25℃以上发芽率下降，30℃以上几乎不会发芽，生长适温为 17℃～20℃，超过 20℃生长缓慢，30℃以上停止生长。

间苗与养护

间苗：当苗秧长到 10～15 厘米，把一些过密的弱小的苗秧间掉，间下来的苗秧便可做汤食用。

养护：间苗 2～3 天后，每周浇施一次“综合水”加捣碎的生黄豆或生花生或菜枯浸泡 6～10 天后对水 60% 的肥水，同时要保持基质间干间湿，施肥要施无杂质的液肥，适宜晴天进行。

分批收获

当苗株长到 20 厘米高，具有 10～20 片叶子时可选取大株进行第一次收获。

当第一次收获后，除掉杂草，加强肥水养护，5～6 天施一次无杂质的液肥，以“综合水”为主，加浸一些菜枯饼泡水 6～10 天后对水 60% 浇施。当苗株长到 20 厘米高左右时，便可进行第二次收获，继续加强肥水养护，让小苗长大，还可进行第三次收获。

营养与功效

香菜可提取液的特殊香味，能刺激汗腺分泌，促进机体发汗，透疹。香菜辛香喷发，能促进胃肠蠕动，具有升胃醒脾的作用。

香菜含维生素 C、β- 胡萝卜素、维生素 B_1、维生素 B_2 等，还含有丰富的矿物质营养，如钙、铁、磷、镁等。食用香菜可消除发热引起的头痛，还有利尿、降血糖的作用。

香菜与黄瓜同食，会降低营养价值；香菜与猪肉同食，会损害人的身体健康。

香菜与胡萝卜同食，健脾补虚，祛脂强身；香菜与黄豆同食，增强人体免疫力，强身健体；香菜与羊肝同食，固肾壮阳，开胃健力；香菜与虾米同食，益气，抗痘。

小贴士

发黄的香菜不能食，一方面没有香气，也可能产生毒素。

久存的香菜，烹调前先用温水浸泡一下，这样不但香菜恢复鲜嫩，而且香气不减。

香菜适合一般人群食用，最适合患风寒外感，脱肛、食欲不振者以及小孩出麻疹者食用；但患口臭、狐臭、严重龋齿、胃溃疡、生疮者要少吃香菜；香菜性温，麻疹已透或虽未透出而热毒壅滞者不宜食用。

经验之谈

1. 选择香菜以色泽青绿、香气浓郁，质地脆嫩，无黄叶烂叶者为佳。

2. 如何保存香菜：将香菜的烂叶和根都除掉，摊开晾晒 1～2 天，像编辫子那样编结成一根长辫子，挂在阴凉通风地方，可存放较长的时间。

14. 小白菜

小白菜，别名油白菜等，为十字花科芸薹属，一年生常绿草本植物，原产我国。小白菜易于种植，一年四季均可播种栽培，土壤要求喜欢肥沃、排水良好的山叶和肥菜园土加 10% 的河沙混合土，适宜氮质肥水。栽植后 25 天左右便可陆续收获。小白菜冬天喜光照，生长适温为 15℃~25℃。

选苗与栽培

选苗：到农村附近选购播好的中等苗株，稍带土球，采用山叶土、园土、河沙混合为栽培土壤，栽前要把土壤晒干捣碎备用。

栽培：栽培前先选好中号陶瓦盆或塑料盆为栽培容器，同时经清水洗净晒干消毒备用。栽时先垫好颗粒排水层、加好底肥，然后用配制的培养土进行栽植，栽时用双手稍压实根蔸，浇透压蔸水，遮阴 5~6 天后再向阳养护。

养护与防虫

养护：当秧苗栽培成活后，除保持盆土间干间湿外，5~6 天坚持浇一次“综合水”逗苗，当苗株长到 10 片叶子时改施菜枯饼、生黄豆捣碎浸水 5~6 天后兑水 50% 的肥水，每周浇一次，保持土壤适当湿润。天热时适当向叶片上洒些清水。

防虫：小白菜虫害比较多，从栽活起经常注意观察是否出现幼虫，要及时进行捕捉，坚持早发现早消灭。如害虫多时可用烟蒂和石灰泡水用醋、尖辣椒捣碎兑水喷治，做到早发现早治疗，一治就要彻底把虫害治“了”。

收获

经过栽培、养护和治虫后，历经 25 天左右的时间，一般小白菜会长得嫩绿丰满，这时正是收获的时候，可分两种方法进行收获。第一次收获采取从菜蔸外边剥叶进行收获。剥叶后稍松松盆土，加强水、肥养护，再过 15~20 天，便可采用割蔸收获。

Vegetable Tips

小贴士

小白菜用保鲜膜包裹后可冷藏 2~3 天，如连根储存，可延长 1~2 天。

如何炒小白菜：炒、煮时间不宜过长，以免损失营养。

小白菜与南瓜同食，会破坏蔬菜中维生素 C；小白菜与兔肉同食，易于引起腹泻与呕吐。

小白菜适宜一般人群食用，尤其适宜肺热咳嗽、便秘、丹毒、漆疮、疮疖等患者及缺钙者食用；脾胃虚寒、大便溏薄者不宜多食。

PART 3 屋顶菜园

wuding caiyuan

屋顶，既可种花又可种菜，从而成为一个赏花观菜的幸福乐园。就种菜而言，首先要对屋面进行防水层处理，保证房屋不漏水；然后要合理规划、合理布局，哪些地方适宜用砖砌花坛、花带，哪些地方摆设盆缸或泡沫箱，哪些地方架牢棚架，哪些地方要砌水池和肥料池等，并根据季节种植各种蔬菜。春、夏、秋季可种植大小南瓜、四季豆、豆角、苦瓜、黄瓜、丝瓜、刀豆、小白菜；秋、冬季种植白菜早 5 号、莴苣、土养大蒜、胡萝卜、白萝卜、芹菜、冬苋菜等。在屋顶菜园种叶子菜，肥料适合采用“综合水”加捣碎的生花生或生黄豆或菜枯饼泡水 6～10 天后，对水 50% 浇施；瓜豆类蔬菜可在肥料池里浸泡鱼鳃、鱼肠、鱼鳞、鱼血水、家禽下水、碎骨头和枯饼等，浸泡 5～10 天后对水 60%，每周浇施一次；农药可按照序篇中自制无公害农药喷雾；另外还要配备一把锄头、一个喷壶、一把小铁铲、栽耙等。炎夏采用遮阴网中午遮阴，严冬可采用塑料膜防冻。屋顶菜园不但可以种花种菜，而且是一个锻炼身体的好场地。

01. 大小南瓜

南瓜，别名番瓜，为葫芦科南瓜属，一年生藤蔓草本植物，南方在清明前后直接在地里或泡沫箱里播种；北方在 5 月播种（直播）。南瓜适应性强，耐寒又耐热，播种在 20℃~25℃下便可发芽出土。南瓜对土壤要求不严，但土层要深厚，无碎石杂草，适宜在屋顶菜园种植，也适合在小庭院房前屋后栽种，是一种藤蔓丰产瓜菜品种。种植南瓜要选择当阳的地方，它很适宜在每天向阳无积水的地方生长，生长适温 17℃~28℃。南瓜采收可分嫩南瓜和老南瓜两种，老南瓜花谢后 40 天便可进行采摘。

选种与播种

选种： 到菜市场选买破开带绿边的一块瓜，从中采收种子播种，这种南瓜口感特甜，是良种。

播种： 选择一个 60 厘米 ×46 厘米 ×30 厘米的泡沫箱（长 × 宽 × 高），可到菜市场或水果店选买，把底板打 3 排孔，每排 3~4 个，垫好排水层和底层肥，然后把山叶土、菜园土各一半，再加 10% 的河沙及发酵的饼肥 5% 混合盛入箱内，适当整平，在土面上打 2~3 个浅洞，浇上发烧过的饼肥液，让太阳晒干，用手锄锄松，然后每洞播 3~4 颗种子，盖上 2~3 厘米细炉灰或碎土，喷湿水，盖膜催芽。历时 4~6 天种子萌芽出土。

间苗与栽培

当苗株长至 3~4 片叶子时把过密的幼苗间稀一些，保留每丛 2~3 株，间下来的幼苗既可在泡沫箱栽植，也可在砖砌的花坛或花带里栽培。栽后浇透压蔸水，采取 5~6 天遮阴保苗。

养护与立杆

养护：当间苗或栽植后苗株成活后，要及时保持蔸土间干间湿外，还要每周进行一次“综合肥水”养护。当苗株长至 1 米高时，适用饼肥和捣碎生黄豆泡水兑水 50% 浇施。

立杆：当苗株长到 1 米高时，在苗株旁立一条直杆，从而把藤蔓引上立杆，在此同时对杆上的侧芽抹除，促使藤蔓长快、多开花多挂瓜；另外苗株每周进行一次生花生、生黄豆捣碎、碎骨头泡水兑水 50% 浇施（浸泡 6~10 天）。

立架与授粉

立架：当苗株超过立杆高时，要及时牢固地架设支架，让藤蔓引上架上，让其藤蔓沿着支架生长。

授粉：当藤蔓陆续开花挂果时，要及时用雄花蕊在雌花蕊上进行人工授粉。当每条藤蔓上挂瓜 3~4 个时，要把主心摘掉，集中养料供瓜。

嫩老南瓜收获

嫩南瓜收获： 当南瓜开花授粉后历时20~25天时，瓜长到15~20厘米长时，用手指甲刻一下表皮，能刻进印时，这正是采收嫩南瓜的正好时期。

老南瓜收获： 当瓜株历经浇水施肥养护后，当南瓜开花挂瓜25~40天时，南瓜由青逐渐变成紫红色，也同样用手指甲刻一下南瓜表皮，如刻不进表皮，这正是收获老南瓜的最佳时期。

Vegetable Tips

小贴士

如何保存南瓜：南瓜摘取后稍经太阳晒4~5个小时后，把整个南瓜放在阴凉、干燥、通风处，可保存1~2个月；破开的南瓜的保存：先把南瓜子摘掉，然后在瓜的切面上贴上一层保鲜膜放入冰箱冷藏箱里，即保存一个多星期不会坏。

如何食南瓜：嫩南瓜可与酸辣椒相炒，放些五花肉同炒，食起来味道可口；老南瓜与大米煮粥，吃起来味道甜美；老南瓜煮熟后与面粉或糯米粉混合，制成饼子，用蒸或煎熟，均是味道鲜美甜蜜的食品。

02.四季豆

四季豆，别名芸豆，又名菜豆，为蝶形花科菜豆属一年生藤蔓草本植物。四季豆多以嫩荚为菜食用。它喜温暖怕霜冻，矮生种比蔓生种耐低温要强些，但结荚不如蔓生种多、时间长。

5 月上旬在盆盎里、泡沫箱或砖砌花坛中播种，发芽适温为 25℃~35℃，高出 35℃或低于 8℃以下，不易发芽。四季豆营养丰富，适宜屋顶菜园种植。喜光照，生长适温为 15℃~25℃。

选种与播种

选种：5 月到种子店选买包装好的新鲜种子，回家后剪开用盆水沉浮一下，搓洗 1~2 次，把浮在水面上的瘪种捞出，并把沉入盆底的种子捞出，然后用一个玻璃杯浸种，水面高于种子 2~3 倍，5~8 小时后，种子开始膨胀，再用清水洗掉附在种子皮上的细菌，晾干水分为播种做好准备。

播种：可采用泡沫箱或陶瓷瓦盆为播种容器。先在泡沫箱底板上钻 3 排小孔（每排 3~4 个），然后放好颗粒排水层，垫好底肥，盛好肥土（山叶土、园土、土杂肥土混合），适当整平，在箱面基质上打 2 排浅洞，浇好发酵的液肥，让太阳晒干、锄松，过 2~3 天在洞里撒放种子，每洞 3~4 粒，再盖上 2~3 厘米厚的细土，用水喷湿，放在阳光下盖膜催芽，历时 5~6 天后种子会破土出芽。也可采用陶瓦盆播种，方法与泡沫箱里播种大同小异，很简单。

间苗与栽培

间苗： 当种子出土长至 3~4 片叶子时，趁阴天把过密的种苗间稀，每蔸只留 3 株，间下的苗作为栽种苗秧，间苗后要浇一次薄水，避免留下的苗株萎蔫。

栽培： 先备好栽培土壤（与播种土壤一样），只要注意放好颗粒排水层和发酵过的底肥，趁阴天进行栽培，栽后浇透压蔸水，移入背阳的地方养护 4~6 天后再向阳养护。

养护与立杆

养护： 当栽苗成活开始生长后，除保持盆土间干间湿外，每周选用"综合水"加捣碎生黄豆泡水 6~7 天后兑水 50% 浇施，促使苗株快长。当苗株长至 1 米高接近开花挂荚时，改施每周一次的菜枯饼和碎骨头加捣碎生花生浸泡 6~10 天后兑水 50% 的水肥，促使苗株长壮实、多开花、多结豆荚。

立杆： 当苗株长到 50~100 厘米高时，在苗株旁立 1 条或 3 条支杆，及时把藤蔓引上支杆；当藤蔓长高、开花挂豆荚时，要及时把藤蔓上的侧芽抹掉，促使养料集中在豆荚上。

收获

当豆株开花后时过 10~15 天（南方约在 6 月下旬至 8 月上旬）豆荚长到 12~15 厘米长时，便可进行第一次收获，收获后继续加强肥水养护，再过 10~15 天又可进行第二次收获，直至收获到藤蔓老化为止。当收获到第三次后，把藤蔓上一段剪断、疏掉

一些密叶，稍对表土松松，加强肥水养护，在藤蔓上还可长出嫩梢，继续挂荚进行秋季四季豆的收获。

小贴士

如何防止四季豆中毒：在烹调四季豆前，先用沸水焯透或用油煸熟，直到变色为止，从而消除豆中毒素。

烹调四季豆前一定要把豆筋剥掉，以免影响口感，又会影响肠胃消化。

四季豆的种子含有一种毒蛋白，必须在高温下才能消除；同时烹调四季豆时，一定要煮熟煮透才能食。

用开水焯透的四季豆、豆角，为保持鲜绿的颜色，捞出后可在上面撒一些盐和匀。

菜子油有一股异味，可将油倒入锅中再放几粒四季豆种子或放少量米饭一道炸，待炸到焦煳时捞出，油中异味会除掉。

营养功效

四季豆中含有丰富的蛋白质和多种维生素，常食可健脾胃，增进食欲。

炎夏常食四季豆，有清暑、清口作用。

四季豆与辣椒同食，能健胃消食；四季豆与甘草同食可防治百口咳。

03. 豆角

豆角，别名豇豆，为蝶形花科豇豆属，一年生藤蔓常绿草本植物。一般南方从春到秋都可在泡沫箱、盆缸或花坛里播种；北方4~5月同样可在泡沫箱、花坛、盆缸里播种。豆角土壤要求不严，只要疏松排水良好，富含深厚有机肥的沙性土壤便可。豆角富含多种维生素及微量元素，常食能提高人体消化功能，增进食欲，是优良的绿色蔬菜，它生长时期较长，从夏到秋均可继续收获。

选种与浸种

选种：到市场种子店里选购带包的新鲜品种，其中带绿色的长豆角或带花麻色的中等长的种子，要求颗粒饱满色紫红色的，无虫害无霉变当年的种子。买回来后同样用盆水里浮一下，用筷子在盆面上转几下，让良种沉入盆底，瘪种浮于水面捞出。

浸种：把检查过的种子用清水搓洗1~2次，然后捞出晾干水分，在透明的玻璃杯中浸种，注入清水高出种子2~3倍，历时6~8小时，等种子膨胀饱满为止。

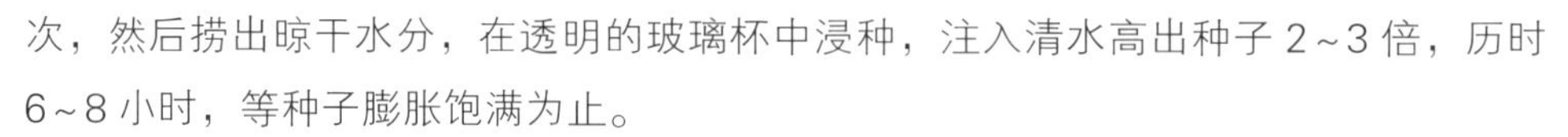

播种与间苗

播种：采用四季豆播种的土壤，选用1~2个直径大约30厘米、高35厘米的陶瓦盆缸为容器。先在盆缸里垫好排水层和底肥，然后把备好的土壤盛入盆缸内离盆口

3~4 厘米处，稍整平，在中央打一个浅洞，并浇施发醇的饼液肥，让太阳晒干、锄松，过 2~3 天后把种子撒放在洞里，每洞 4~5 粒。并用炉灰或细土盖上厚 2~3 厘米，再后用水喷湿，在阳光下盖膜催芽，历经 4~5 天种子破土出芽。种子发芽适温为 16℃~18℃，茎叶生长温度为 12℃~16℃，开花结荚适温为 15℃~18℃，荚熟为 18℃~20℃。

间苗： 当春天南方 3~4 月或 8~9 月播种后，芽苗出土一星期后，长出 2~3 片真叶时，及时把过密的、弱小的幼苗间掉，稍壮实的留着栽植，间至每盆留 3 株壮苗。

养护与搭架

养护： 有的家庭因地制宜在屋顶菜园里用砖砌成花坛种植豆角，当间苗后除保持土壤间干间湿外，要加强肥水养护，促使豆角快长开花挂荚。

搭架： 为使豆角生长茂盛、开花挂荚多，除加强肥水养护外，计划在花坛播种豆角前，先要有计划地搭建支架，当蔓藤开始抽条时，让蔓藤沿着支架爬行（右图就是屋顶菜园很好的一例）。在此同时要把过密的叶片疏掉一些，把藤蔓上的侧枝要及时摘掉，从而把养料集中到豆荚，促使豆荚长壮嫩些。

收获

当花开挂荚 7~10 天后，豆荚长得嫩绿饱满时，种子鼓得紧紧的，第一批豆荚从藤节上剪断进行收获（右图），之后加强肥水养护，让其再挂豆荚，时过 7~10 天第二批豆荚又可收获，如此循环下去，直到藤蔓老化为止。

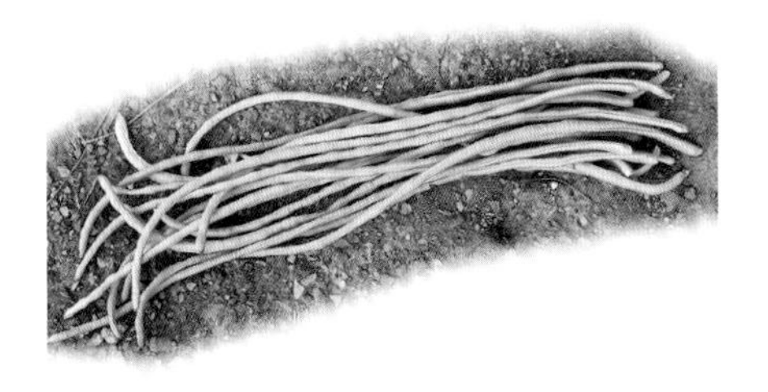

小贴士

豆角的品种较多，其中有白、绿、青灰色和紫、花斑色等品种；还有早种和秋种、矮种和高种之分。

豆角吃法：可炒辣椒、炒肉片和土豆，同时还可与五花肉一起红烧外，还可用坛子制成酸豆角炒辣椒和瘦肉片吃，可开胃啦；还可用开水焯几分钟，晒干浸泡透后做扣肉打底蒸来吃，吃起来别有一番美味。

营养功效

豆角中能提供优质对人体能消化的蛋白质，适量的碳水化合物，以及多种维生素和微量元素等。

豆角中所含的维生素C，能促进抗体的合成，并能提高机体抗病毒的功能。

豆角适宜一般人群食用，尤其适合糖尿病、肾虚、尿频、遗精和一些妇科功能性疾病的人食用。气滞便结者应慎食。

04. 苦瓜

苦瓜，别名凉瓜、癞葡萄、癞瓜等，为葫芦科苦瓜属一年生常绿藤蔓植物，它喜温耐热，但不耐寒。种子发芽适温为20℃~35℃，在20℃以下不易发芽，或发芽很慢，低于13℃基本不会发芽，生长适温要求20℃~30℃。苦瓜喜欢在阳光充足的场地生长，不宜在过阴的环境生长。苦瓜喜欢湿润，但不耐涝，对土壤要求不严，适应性较强，只要土质疏松、排水良好，土层深厚的沙质土就可以。苦瓜根系发达吸肥力较强，因此生长茂盛，要适当修剪一些枝叶。

选种与浸种

选种： 到市场种子店选购皮带白色的或带青绿色的瓜种。白皮苦瓜吃起来不苦，或者苦味轻微，味道可口；青皮苦瓜肉厚稍带苦味，吃起凉凉的，味道爽口。种子买回来后同样用盆水沉浮一下，捞出浮在水面上的瘪种。

浸种： 把选好经处理过的种子，再用清水搓洗 1~2 次。因种壳很硬，不易发芽，可用利刀从种籽尖端破开一个小孔，然后在 30℃水温下的玻璃杯里水盖种子 2~3 倍浸种，水凉后再换温水，历时 7~10 天种子便可冒出短芽，用清水洗净种子表皮准备播种。

播种与间苗

播种： 长江流域在清明前后播种，华南地区 3~8 月播种，北方 5 月播种，均可在盆盎、泡沫箱或地里播种，播种前先把土壤准备好，并要晒干，同时备好发酵的底肥和颗粒排水层，趁晴天进行撒播种子，每浅淌里 3~4 粒，盖好细土，用水喷湿，盖上膜在阳光下催芽。历经 7~10 天种子就会破土出芽。

间苗：当种子破土出芽后，历经一星期后芽苗长出 2~3 片真叶时，及时把过密的或弱小的幼苗间掉，保留每盆 4 株壮实的苗秧，当苗秧长至 30~40 厘米高时，仅保留 3 株最壮实的苗秧。

养护与立杆

养护：当间苗后除保持盆土间干间湿外，还要加强肥水养护，每周浇 1 次“综合水”，即加捣碎的生黄豆或生花生浸泡 6~10 天后兑 50% 水的肥水；当瓜藤开始开花挂瓜时，要改施菜枯饼、碎骨头泡水兑 50% 的水的肥水每周一次，促进瓜藤多开花多挂瓜。

立杆：当瓜藤长到 50~100 厘米时，要在瓜盆里立 1~3 条杆，及时把瓜藤引入立杆，同时要及时把 1.5 米以下的侧芽密叶摘掉，使养料集中到幼瓜上。

收获

在瓜收获前，为使瓜长得壮嫩，要加施平时 2 倍以上的发酵过的饼液和生黄豆捣碎的浓汁肥（兑水 50%），每隔 2~3 天浇一次透水，促瓜长得粗壮鲜嫩。一般花谢后 15 天左右，瓜表面肉瘤开始展开，白瓜皮带白嫩色，青皮瓜皮带青绿色时，这正处于收获第一次瓜期，收获后继续加强肥水养护，过

15～20 天又有第二批瓜收获；如此下去可进行多次收获。

小贴士

如何去掉苦瓜的苦味：先把苦瓜洗净，去蒂破开挖掉瓜瓤和籽，刨掉里面的白边，切成薄片，用少量食盐拌匀，时过 6~7 分钟，然后用冷水浸泡 5~10 分钟，洗净就可减淡苦味。

如何制作瓜茶：同样把苦瓜内瓤籽和白边除掉，洗净晾干水分，切成薄片，用线串起，挂在阴凉通风处吹干，然后放入玻璃瓶内保存，每天喝茶时，取 4~5 片与茶叶混泡在一起饮用，对降低血糖治疗糖尿病有一定疗效。

营养功效

苦瓜中的苦甙和苦味素也能增进食欲、健脾开胃；苦瓜中所含生物碱类物质奎宁能消炎退热。

苦瓜中的蛋白质成分及大量维生素 C 可提高人的机体免疫力；从苦瓜籽中提炼出的胰蛋白酶抑制济可抑制癌细胞分泌蛋白酶，阻止恶性肿瘤生长。

苦瓜汁含有类似胰岛素的物质，可降低血糖。

05. 丝 瓜

丝瓜，别名胜瓜、菜瓜、天罗、布瓜等，为葫芦科丝瓜属，一年生常绿藤本植物，其品种有绿皮线形、棱形丝瓜等。适应性强，能耐水湿，只要土层深厚，南方、北方都可种植，一般适宜屋顶菜园盆缸、泡沫箱、花坛填土种植，播种后三个月便可陆续分批收获。

丝瓜是人们夏天最喜欢吃的瓜菜，营养丰富，吃起来味道可口鲜美。喜光照，生长适温为25℃~28℃。

选种与浸种

选种：到市场种子店选购白皮、青皮长形线瓜或短而粗的优良品种，要选择包装的不霉变、不起虫，颗粒饱满色泽鲜亮隔年或当年的新鲜种子。买回后用盆水沉浮一下，捞出浮在水面上的瘪种，为浸种备用。

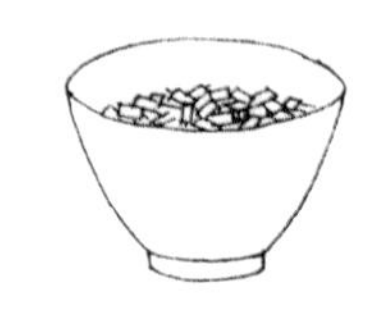

浸种：把选好的种子，用清水搓洗1~2次，放入玻璃杯里，注入清水高出种子2~3倍，在阳光下浸种5~8小时，直至种子膨胀为止。

播种与间苗

播种：选择白色泡沫箱为播种容器，先把箱底板钻3排小孔，每排3~4个，然后垫好排水层和底肥，盛好与四季豆一样的土壤，稍加整平，在箱面上挖2个浅窝（4~5

厘米深），浇上发酵的饼液肥，经太阳晒干，把窝锄松，过 3~4 天在浅窝里撒播 3~4 粒种子，盖上细炉灰或细土，厚 2~3 厘米，用水浇湿，在阳光处盖膜催芽，过 4~5 天种子会破土出芽。

间苗：种子播后在 25℃~35℃或 28℃~30℃发芽快，当芽长到 2~3 片真叶时，把过密的弱小的幼苗间掉，每处只保留 3 株苗秧。

立架与养护

立架：在屋顶种植丝瓜时，先要规划立好支架，当瓜藤长至 50~100 厘米时，及时把藤蔓引上支杆，让其逐渐沿着藤架生长。

养护：间苗后除保持土壤间干间湿外，还要采用“综合水”加捣碎生黄豆浸泡 5~6 天后兑水 50% 的肥水浇施逗苗；当苗株长高开始开花挂瓜时，每周改施 1 次饼液和碎骨头泡水（兑水 50%）的肥水浇施，促瓜藤多开雌花多结瓜。同时对支架以下的侧枝要及时摘掉，把过密的叶片要疏稀，避免消耗养料，促使藤上多挂瓜。

收获

丝瓜播种后经 3 个月的肥水养护和摘心抹芽后，便可陆续进行收获。青皮长条线形丝瓜，长到 5 厘米粗 20 厘米长时便可用剪刀剪取进行第一批瓜的收获；白皮短瓜，长到 6~7 厘米粗、15~16 厘米长时，正处采收季节。采收丝瓜要趁丝瓜长得壮实鲜嫩时进行。如辨别是否鲜嫩，在采收时先用指甲刻一下瓜皮，如能刻深指甲印，这就适合采收。

小贴士

丝瓜皮被削后，要快切快炒，避免营养成分流失。

烹调丝瓜时，要少加调料，从而突出丝瓜的鲜嫩口味。

丝瓜络不但可入药，调经、去湿治疾等，而且家庭常用来洗涤碗筷等用具。

丝瓜不能与波菜同食，易引起腹泻；丝瓜不能与芦荟同食，易引起腹痛、腹泻。

丝瓜适宜一般人群食用，尤其适宜妇女月经不调，身体疲乏、痰喘咳嗽、产后乳汁不通的妇女多食；但体虚内寒、腹泻者不宜多食。

营养功效

丝瓜中含有丰富的维生素 C，可用于辅助治疗坏血病及预防各种维生素 C 缺乏症。

丝瓜与鸡蛋同食，有清热解毒、滋阴润燥、养血通乳作用。

丝瓜与猪肉、鸡肉、鸭肉同食，有清热利肠作用。

丝瓜中含有丰富的维生素 B，有利于小儿大脑发育及中老年人健脑抗衰老作用；丝瓜汁有美容除皱作用。

06. 白萝卜

白萝卜，简称萝卜，别名莱菔、芦菔、芦葩等，为十字花科萝卜属，一年生或隔年生常绿草本植物。其品种较多，其中有白萝卜、青皮萝卜和红皮萝卜等。性喜凉爽好水分，生长适温为16℃~20℃，但怕炎热暴晒，其种植可分春播和秋播两种。春播易抽茎和遭蚜虫为害，秋播生长茂盛易于养护，只要土层深厚，尤以沙质黄沙土无碎石的为佳。萝卜只能种在田地里、泡沫箱内，砖砌花坛直接播种不能移栽，在播种前先撒放一些发酵过的底肥，平时可少施肥，只保持适当水分湿润即可。从8~9月播种，历经3个多月的养护，便可陆续拔萝卜收获。

选种与播种

选种： 在屋顶菜园里适宜选择白皮或红皮萝卜两种。白萝卜嫩白爽脆，既适宜生食又适合熟食；红皮萝卜虽然个头小一些，但颜色红艳漂亮，惹人喜爱观赏。这两个品种均可到种子店选购。

播种： 屋顶菜园适宜在每年秋季8~9月上旬播种，先在泡沫箱底板上打3排小孔，每排3~4个，然后放好排水层和底肥，盛好晒干捣碎的山叶土、菜园土、土杂肥土和10%河沙混合土，稍整平浇施发酵过的饼液肥水，让其经太阳晒干、锄松，过2~3天后，在箱面上均匀地撒播种子，再盖上2~3厘米厚的细土或细炉灰，用水喷湿，盖膜在阳光下催芽。历经3~4天在25℃~30℃的温度下种子破土出芽。

间苗与养护

间苗：播种历经 2 周后，幼苗长到 3～4 片叶子时，及时对过密的或弱小的幼苗间掉，保持株距 3～4 厘米远，间下的幼苗可做汤菜吃，味道可口。

养护：除保持箱土间干间湿外，每周对留下的苗株要进行氮质肥养护，不能过勤过浓，避免只长叶片不长萝卜。当苗秧长至 10 片叶子时要改施 15 天 1 次的磷钾肥（以碎骨头、草木灰、菜枯饼泡水浇施，兑水 50%）。

收获

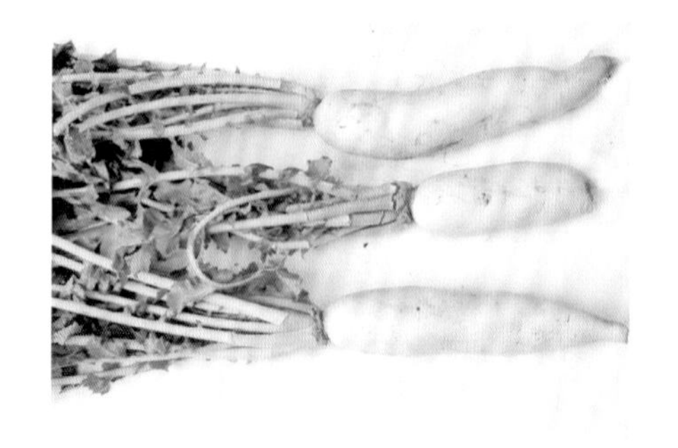

萝卜历经间苗养护后在 10 月下旬 ～11 月中旬，秋播的萝卜逐渐露出土面 10 厘米，以嫩白叶绿形态出现，这时正处收萝卜期，可采取手拔萝卜进行收获。

Vegetable Tips

小贴士

吃萝卜时不要刨皮，因为钙 95% 在皮中。白萝卜、葱白加水适量煮开，趁热喝下可治伤风感冒。萝卜适合一般人群食用，最适宜高脂血症、动脉硬化、胸闷胀气者食用；胃及十二指肠溃疡、慢性胃炎、子宫脱垂者不宜食用。

07. 花菜（白种）

花菜，别名白花菜、椰花菜、花椰菜、球花甘蓝等，为十字花科芸薹属，一年生常绿草本植物。花菜在春夏或秋冬播种栽培均可以，春、夏宜播种生育期较短的品种，其耐热能力较强；秋冬宜播种生育期较长的品种，屋顶菜园适宜秋季播种栽培，可在7月中旬播种，8月初至中旬栽植，播种栽培后70~90天收获。生长适温为15℃~20℃，喜阳光。

选苗与栽培

选苗：在8月份到农村菜圃购买几株带土球的苗秧，选大一点的苗为好，成活后生长较快。栽培土壤要带有机肥丰富的菜园土和山叶土加10%的河沙及5%的饼干发酵肥混合晒干、捣碎而成。

栽培：趁阴天到附近农村菜圃选购几株带土球的中等苗秧，及时采用准备的土壤和陶瓦盆进行栽植，栽时注意垫好颗粒排水层和底肥，浇透压蔸水，移入背阳的地方养护5~6天再转入向阳场地养护。

养护与治虫

养护：当苗秧栽培成活后，除保持盆土间干间湿外，要及时进行肥水养护，花菜是一种好肥的蔬菜。开始采用氮质"综合水"加部分捣碎的生黄豆浸泡6~10天兑水50%的肥水，每隔4~6天施一次；当花株

开始育蕾时，每周要改施由菜枯饼、碎骨头、草木灰泡水6～10天后的肥水，促使菜株快点显蕾开花。

治虫：花菜虫害较多，特别是那种带绿色或淡紫色的肉虫特多，家庭屋顶菜园种花菜，又要平时多加观察及时捕捉消灭，如虫害出现多时可用烟叶、生石灰泡水或用尖辣椒捣碎泡水，还可用白醋兑水喷洒，一次性将虫害治早治了。

收获

历经选苗栽培和肥水养护后，时过70～90天，菜花开始盛开，并形成球形，这时还要加施一次浓肥，促使花球壮大艳丽，当花球近松散状态时，这是采摘花球的最佳时期。

Vegetable Tips

小贴士

花菜不但营养丰富，而且是一种保健蔬菜，在美国时代杂志推荐的“十大健康食品”中名列第四大。

花菜如何贮存：常温可存4～5天；如用保鲜膜包装，并加上塑料袋，置于0～4℃的冰箱里，可保鲜一个月左右。

在菜市场买回的花菜，为除掉虫害和农药残余，在烹调前先在盐水里浸泡几分钟。

如何制凉拌花菜：将花菜洗净，分成小块，锅内加水煮开。放入花菜焯透，捞出冲凉，沥干水分，盛入瓷盘内，加入盐、味精、蒜泥、葱油（香油）拌匀，就成为一盘可口鲜美的凉拌花菜。

08.莴 苣

莴苣，别名莴笋、香笋、千金菜等，为菊科莴苣属1~2年生草本植物。

播种时间： 长江流域8~10月播种，露地越冬；北方多在4~5月播种，广东海南地区一年四季均可播种栽培。

收获： 秋播12月至翌年3~4月收获，春播3~4月后收获。栽培土壤要求含有机肥的菜园土和山叶腐殖质、排水良好的沙质土。肥料以腐烂了的有机肥、饼肥、草木灰等为主。喜阳光，生长适温为18℃~22℃。

选种与播种

选种： 春天或秋天到种子店选购带包的当年生的新鲜种子，要求不霉变、不被虫吃，颗料饱满，颜色紫红的种。莴苣主要选择两种：一种专门长叶食的品种，另一种长杆的莴苣，专门剥皮食茎杆的品种，可根据自己的需要任意选种。

播种： 秋天选择一个泡沫箱，底板上打3排孔，每排3~4个，然后把备好的土壤晒干捣碎备用，先在箱内垫好排水层和发酵过的底肥，随后将盛好的土壤整平，然后把种子与细炉灰和匀撒播在箱面土壤上，盖一层2厘米左右厚的细草木灰，用水喷湿，盖膜在向阳处催芽。

间苗

当播种出芽一星期后，及时把过密、弱

小的苗株间稀，再加强“综合水”养护，让苗株长粗壮些，便于选苗栽培。

栽培与养护

栽培：当幼苗长到 5~6 片叶时，选取壮实的带土球苗进行栽培，栽培土壤与花菜栽培土壤一样。栽后浇透压蔸水，先遮阴 4~6 天再向阳养护。

养护：当栽苗成活后除保持盆壤和花坛地土间干间湿外，先用“综合水”加捣碎的生黄豆浸水 6~10 天兑水 50% 的肥水，每 4~6 天浇施一次，当苗株长壮实抽茎秆时，改施菜枯、捣碎生花生和草木灰泡水兑水 50% 的肥水，每周浇 1 次，促使菜株长壮实，争取早日收获。

收获

历经播种、间苗、栽培和肥水养护后，莴苣逐渐长高长壮实了，冬播历经 5~6 个月后，春播历经 3~4 个月后，陆续进行第一次剥叶收获，剥叶后加强肥水养护，过 15~20 天后便可进行割蔸收获。

营养功效

莴苣味道清新且略带苦味，其乳状浆液可增强胃液和胆汁的分泌，帮助消化。

莴苣含钾丰富，可促进排尿和乳汁的分泌。

莴苣含有多种维生素和矿物质，可增强人的免疫力，其热水提取物可抑制癌细胞的生长。

09.芥　菜

芥菜，别名盖菜、辣菜，一年生常绿草本植物，冬春型的一般9月中下旬播种，也有在春天播种的，播种3个月左右可陆续剥叶割苑收获。芥菜适应性强，栽培土壤要求不严，一般由园土、山叶土加部分土杂肥和10%的河沙晒干、捣碎混合而成。芥菜生长快，长得嫩绿喜人，一般屋顶菜园适宜种这种蔬菜，吃起来稍带苦味很爽口。芥菜喜冬春阳光，生长发育适温为12℃~20℃。

选苗与栽培

选苗：在9月中下旬到附近农村菜圃选购长得壮实带土球的幼苗，最好阴天去选购，避免幼苗萎蔫。

栽培：栽培前先准备栽培土壤经太阳晒干，并备好中号栽培容器，栽时注意放好颗粒排水层和发酵过的底肥，栽后稍用双手压实盆土，浇透压蔸水，移入背阳处养护4~5天再向阳。

养护与治虫

养护：当苗秧栽培成活后，除保持盆土间干间湿外，要加强氮质肥养护，首先采用“综合水”加捣碎的生黄豆浸泡5~10天兑水50%的肥水，每周浇一次。当菜苗长到10片以上叶子时，改施饼液肥，每周一次。

治虫：芥菜虫害较多，可采用花菜治疗方法进行。

收获

栽培成活后历经 2～3 个月的肥水养护，菜苗逐渐长大长嫩绿，这正处于收获的时节，可采用两种收获方式，一种是剥叶收获，一种是割蔸收获，第一种适合家庭种植收获，第二种适合大面积种植收获。剥叶收获后再加施肥水，时过 15～20 天又可第二次剥叶收获，这种收获可多次进行，有利于家庭吃菜。

Vegetable Tips

小贴士

芥菜是人们常食的一种蔬菜，其中有叶用芥菜（包括雪里蕻）、茎用芥菜（如榨菜）和根用芥菜（如大头菜）3 种，平时常食的芥菜是叶用芥菜。叶用芥菜腌制后有特殊香味，常用来做火锅的底料，或做酸菜和泡菜之用。

营养功效

芥菜中含有大量的抗坏血酸，能增加大脑中的氧含量，有提神醒脑、解除人的疲劳作用。

常食芥菜能抗感染和预防疾病的发生，能促进伤口的愈合。

10. 油　菜

油菜，为十字花科芸薹属，一年生常绿草本植物，在南方春、秋、初冬均可播种栽培，它发芽温度在20℃~25℃，生长温度在10℃~20℃；北方春、秋可播种栽培。冬天有暖气，温度在15℃下可栽种，如果低于15℃生长缓慢。土壤要求疏松肥沃，排水良好，含有机肥的菜园土和腐叶土、加10%的河沙混合土壤。一般家庭少量栽植不要费神播种，趁阴天到附近农村购买几株带土球的苗秧栽植，精心养护，同样会长得茂盛。

容器与基质

容器：选择透气性较强的中号陶瓦盆为栽培容器，栽培前先用清水洗净晒干消毒备用。

基质：选取园土45%、腐叶土35%、河沙10%、发酵饼肥10%混合晒干而成。

选苗与栽培

选苗：在秋天趁阴天到附近农村菜园里选购几株壮实的苗秧进行栽植。

栽培：苗秧选买回后及时用培养基质进行栽植，栽时注意垫好排水层加好底肥，栽后稍压实盆壤，浇透压蔸水，移入背阳的地方养护4~6天再向阳。

养护与收获

养护：当菜苗栽活后，除保持盆内基质间干间湿外，要及时加强肥水养护，开始同样采用“综合水”加捣碎的生黄豆泡水5~6天兑水50%的肥水，每周浇1次；当苗株长到10片以上叶子时就改用每周施1次饼液肥和草木灰泡水，促使叶片长大长嫩，茎秆长粗长壮些。

收获：当菜苗栽培成活后，历经浇水施肥的认真养护，历时30~40天的时间，菜苗长得嫩绿可喜，逐渐抽薹的时间已到，可进行第一次割薹的收获，割薹后松松盆面基质，保持盆内基质间干间湿，继续进行肥水养护，促进从根蔸上再发嫩梢，历经20天左右又可进行第二次摘薹收获，如养护得好，还可进行第三次收获。

营养功效

油菜中富含膳食纤维，能与胆酸盐和食物中的胆固醇及甘油三脂结合，促使其从粪便中排出，从而减少脂类的吸收。

油菜中含有植物激素，能够增加酶的形成，对人体内的致癌物质有吸附排斥作用。

油菜在绿色蔬菜中含钙是高的，一个成人一天吃500克油菜，其所含钙、铁、维生素A和维生素C即可满足生理需求。

11. 茼蒿

茼蒿，别名春菊、蓬蒿、艾菜，为菊科茼蒿属一年生常绿草本植物，春秋两季均可播种栽培。南方春播一般在2月下旬至3月下旬播种，秋播在8月中旬至9月上旬；北方春播一般在3~4月，秋播在7月下旬至9月上旬，家庭种植以秋播为主，栽培同时在秋季进行，播种栽培后38~55天分批收获。茼蒿中含β-胡萝卜素很高，是黄瓜、茄子含量的20~30倍之多，因此有“天然保健品，植物营养素”的美称。茼蒿含有特殊香味的挥发油，可以养心安神，多食有助于宽中理气、消食开胃、增加食欲，还有防止记忆力衰退的作用。茼蒿冬春喜阳光，生长适温为15℃~20℃。

容器与基质

容器：采用自制木盒为栽培容器，规格为40厘米×30厘米×20厘米（长×宽×高），底板要钻5~6个排水孔，制好后用清水洗净，经太阳晒干消毒备用。

基质：采用油菜栽培同样的基质。

选苗与栽培

选苗：在秋天到附近农村菜圃选购一些壮实的苗秧，趁阴天带土球选购，避免叶片嫩绿造成萎蔫栽培成活率低。

栽培：苗秧选回后，要及时采用栽油菜的基质进行栽培，栽时注意放好颗粒排水层，加好底肥，栽后压实基质，浇透压蔸水，移入半阴处养护 5~6 天后再向阳。

养护与收获

养护：当菜苗栽活后，除保持容器内基质间干间湿外，同时要加强肥水养护，首先采用“综合水”加捣碎的生黄豆泡水 6~10 天兑水 50% 的肥水，每周浇 1 次，促使苗叶长肥大长茂盛，早日进入收获季节。

收获：当苗秧栽活，历经浇水施肥的养护 30~55 天后，菜苗逐渐长得嫩绿茂盛，叶片显得翠绿肥大，这正处于第一次摘心收获的阶段，从隔蔸留 2~3 片叶处摘断进行收获，摘后稍松松表土，加强浇水施肥养护，促使再长嫩梢，经 20 天左右时间，嫩梢又会长得茂盛，便可进行第二次收获，甚至多次收获。

Vegetable — Tips —

小贴士

茼蒿中的芳香精油遇热容易挥发，这样会减弱健胃的效果，因此，烹调时宜火旺、快炒。

茼蒿采用余汤或凉拌的烹调方法有利于保留营养素，适合胃肠功能不佳的人食用。

茼蒿适合一般人群食用，尤其适合高血压患者、脑力劳动人士、贫血、骨折患者食用。

茼蒿辛香滑利，胃虚泄者不宜多食。

12. 上海青

上海青，别名不结球的白菜、青梗菜、油白菜，为十字花科芸薹属，为上海青土白菜品种，喜低温和高湿，一年四季均可播种栽植。南方春天 3~4 月播种栽培，秋天 8~11 月播种栽培，栽植后历经 25~30 天的养护便可陆续收获。

容器与基质

容器：选取两种容器，一种采用木制箱；一种采用泡沫箱，把底板钻 3 排小孔，每排 3~4 个，两种容器均要洗净经太阳晒干消毒，为播种备用。

基质：采用山叶腐殖质 40%、菜园土 40%、河沙 10%、饼肥 10% 混合晒干、捣碎而成。

选种与播种

选种：春天或秋天到种子店选购袋装上海青的种子。一般名字叫青白菜。要选取颗粒饱满不发霉、不起虫的新鲜带紫红色的种子。

播种：春天 3~4 月，秋天 8~11 月在自制木箱或泡沫箱里进行播种，播前先在箱内垫好排水层和底肥，然后把准备好的基质盛入箱内离箱口距离 2~3 厘米处，稍整平，浇施发酵的饼液肥，经太阳晒干，锄松后再过 3~4 天，在箱面上均匀撒播与细炉灰和匀的种子，并盖上 2~3 厘米厚的细草灰或细炉灰，盖膜在半阳处催芽。

间苗与栽培

间苗：当播种3～4天后种子破土出芽，历经1周的养护苗秧长出2～3片真叶时，要及时对密苗间稀、弱苗间掉，除保持箱内基质间干间湿外，还要浇“综合水”加捣碎了的生黄豆浸泡5～10天兑水50%的肥水，每周浇施1次，促使苗秧长壮实些。

栽培：当苗秧长到3～4片叶子时，从盆箱内带土球选挖苗秧，选择大号平口陶瓦盆进行栽植，栽时注意垫好排水颗粒层和底肥，然后用培养基质进行栽植，栽后稍压实盆内基质，浇透压蔸水，移入半阴处养护4～6天再向阳。

养护与收获

养护：当栽苗成活后，除保持盆内基质间干间湿外，要及时加强肥水养护，首先还是采用“综合水”加捣碎的生黄豆浸泡水6～10天后兑水50%的肥水，每周浇施1次；当菜株长出10片叶子时，就改施每周1次菜枯和草木灰泡水兑水50%的肥液，促使菜苗加快生长。

收获：当菜苗历经间苗、栽培和浇水施肥25～30天的时间，从而促使菜苗快长，当菜苗长到15～20片叶子时，便可进行剥叶收获，之后松松表面基质，进一步加强肥水养护，促使菜株不断生长，历经15～20天的时间，菜株叶片长丰满时便可进行第二次剥叶或割蔸收获（菜苗长到15～20片叶子时）。

13. 红菜薹

红菜薹，别名红菜、紫菘、紫菜薹、红油菜薹，为十字花科芸薹属一年生常绿草本植物。一般春秋两季播种栽培，家庭一般适宜秋季种植。华北地区 8~9 月播种，长江流域 9~10 月播种，南方地区一年四季均可播种栽培。播种栽培后历经 2 个月左右便可陆续采收。基质要求土层深厚、排水性能良好、富含有机肥的沙性基质。红菜薹，色泽紫红，花开金黄，菜心同为白菜的变种。一般家庭都喜欢食用，特别大雪后抽薹长出的花茎，色泽微红，含水量最多，脆性最好，吃起来口感可佳。喜冬天阳光，生长适温 10℃~20℃。

选苗与栽培

选苗： 到附近农村菜圃选购红菜薹苗秧，选择稍带老状一点的为好，并要带点土球易于栽活。

栽培： 先选好中号塑料盆为栽培容器，然后采用栽小白菜的基质进行栽培。栽时注意放好排水层和底肥，稍压实基质浇透压蔸水，移入半阴处养护 5~6 天后再向阳。

养护与抽薹

养护： 当苗秧栽活后，除保持盆内基质间干间湿外，每周施 1 次菜枯饼和捣碎的生黄豆泡水 6~10 天兑水 50% 的肥液，促使苗秧加快生长。

抽薹： 经浇水施肥历经一个半月的时间、菜株长得绿叶丰满，逐而茎秆长粗长壮，慢慢接近抽薹含蕾，这时必加施发酵的浓肥一次，促使第一次收获到来。

收获

当菜株开始含蕾抽薹时，加足浓肥催薹，在10天左右菜薹很快逐渐抽出，含花金黄，这处于第一次摘薹收获期，收获后稍松盆内基质，继续加强肥水养护，促使再长侧梢，历经15~20天的肥水养护，又可进行第二次摘薹收获，甚至还有第三次收获。

Vegetable Tips

小贴士

红菜薹清朝人曾在《汉口竹枝词》中道:“不需考究食单方，冬月人家食品良，米酒汤圆宵夜好，鳊鱼肥美菜薹香。”慈禧太后称之为“金殿玉菜”，常派人来楚索取。

昔人常用腊肉炒红菜薹，这道菜腊肉醇美柔润，菜薹鲜嫩脆香，食起来别有一番风味，逗人喜欢。

红菜薹适宜一般人群食用，但脾胃虚弱、慢性腹泻者宜少食。

14. 叶用芋

叶用芋，为天南星科芋属，多年生草本植物，冬天怕冷，上面叶片都会枯萎，第二年又可从蔸上发芽长苗，冬天根蔸不会冻死，南方可在陆地越冬。这种芋适应性强，只要有深厚肥沃疏松的基质，无论盆里、泡沫箱里、屋前屋后、田间余角隙地都可栽种，不要很多肥料养护，均可长得叶大柄粗壮。这种芋蔸上不结球只长茎叶，生长较快，食用部分是叶和叶柄，没有什么怪味剥皮切片或切条，烹调前先用开水焯一下，可炒辣椒或炒肉片，吃起来脆嫩可口，是南方各地农村的一种乡土常用菜。过去种植的人很多，如今这种绿色传统菜失传了，应该把它恢复起来，加强繁殖。叶用芋属半阴半阳植物，喜温暖气候，生长适温 20℃~28℃，怕霜冻。叶用芋繁殖简单，春天在根蔸上取株栽植便可。

选苗与栽培

选苗：春天 4 月间到农村种植这种叶用芋变种的地方选挖几株子芋，苗株选得壮实一点，只要有根系便可成活。

栽培：选用两个中号陶瓦盆，经清水洗净、太阳晒干，采用栽小白菜的基质进行栽植，栽时注意垫好排水层和底肥，栽后稍压实盆内基质，浇透压蔸水，移入半阴处养护 5~6 天再向阳。

养护与收获

养护：当菜苗栽活后，除保持盆内基质间干间湿外，还需及时加施氮质肥水即“综合水”加菜枯饼泡水 6~10 天后兑水 50% 的肥水，每周浇施 1 次，当苗秧长到 3~4 片叶时，在盆盎周围挖 3 个洞埋施捣碎的生黄豆，浇水后慢慢浸透根部，促使叶柄叶片生长肥大嫩绿。

收获：当苗株历经 1~2 个月的浇水施肥、埋肥养护后，促使叶片、叶柄不断长多长肥，当叶柄长到 5~6 片叶子时，便可从根蔸上剥叶柄进行第一次收获，每次可剥叶柄 3~4 片，剥皮切条或切片进行炒食；当第一次剥柄后，及时松盆表面基质，继续加强肥水浇施，促使多长叶柄。历经 15~20 天，叶柄叶片会长肥长嫩长多，又可进行第二次剥柄收获，如此类推可进行多次剥柄收获，直到霜降叶枯为止。

Vegetable Tips

小贴士

叶用芋，是芋头的变种，同属芋头家族，它只长叶柄，不结子球，其叶和柄均可食用。叶和柄及花均含丰富的维生素，具有较高的营养价值，适合一般人群食用。

PART 4

庭院菜园

tingyuan caiyuan

改革开放以来，人们的生活不断得到改善和提高，不少城市和村镇建了不少别墅或园林式的庭院，都是单家独栋的，里面布满了各种奇花绿树，点缀得艳丽可观；有的在园内因地制宜或划块小地种植各种绿色的蔬菜，或者沿着围墙种植各种不同的瓜菜，如在春至夏天，可在围墙旁沿着栏杆或立架种植刀豆、冬瓜、葫芦瓜、黄瓜、西瓜等藤蔓瓜菜；在小块地里，秋冬、春种植大蒜、香葱、芹菜、黄花菜、芹菜、冬苋菜、西兰花菜、胡萝卜等。离退休的老人，住在空阔的庭院里感到清闲，可在庭院种种蔬菜，松松菜土、拔拔杂草，浇浇水、施施肥，每天如此，或隔天如此，在室外见见阳光，呼吸新鲜空气，活络筋骨，从而促进人的身体健康，减少各种疾病，达到延年益寿的效果。

01. 刀豆

刀豆，别名关公豆，为蝶形花科刀豆属一年生藤蔓常绿植物。刀豆喜阳光好湿润，土壤栽种不严，只要土层深厚带有机肥的菜园土和山叶土加河沙的混合土最合适。种植既可播种又可选苗地栽或盆栽。一般在春天3月下旬4月上旬播种或栽培。花期6~7月，果期8~10月，刀豆为荚果，以食嫩荚为主，豆荚可长到30厘米左右，花紫红色，豆扁带形，略弯曲，形似一把大刀，故为“关公大刀豆”之美称。种子椭圆形、褐色，有光泽。庭院种刀豆立杆或扎制型架，让藤蔓爬上支杆或藤架上，既可摘豆荚食用又可观花观豆荚，显得别有一番风趣。刀豆喜阳光，生长适温为20℃~30℃。

选苗与栽培

选苗：到菜市场选购附近农民兄弟用营养胶袋育的小苗，这种苗栽植时成活率高，栽下去不打停就接着生长。

栽培：把准备好的菜园土、山叶腐殖质土加10%的河沙、5%发酵过的饼肥混合而成并加以晒干。采用中号陶瓦盆用培养土进行栽培，当苗长到50厘米高时换大号盆。栽时注意放好排水层和底肥，浇透压蔸水，移入向阳处养护。

立杆和养护

立杆：当豆株栽活后除保持盆土间干间湿外，采用“综合水”浇施逗苗，5~6天一次。促使苗秧长到50厘米高时再换大盆，让土固紧后再在豆蔸旁立一条2米高的支杆。把藤蔓引上支杆。

养护：刀豆是喜肥好水的蔬菜，尤其炎夏每天要浇 1~2 次水，每周要浇施一次菜枯饼、碎骨头、生黄豆泡水 5~10 天后兑水 50% 的液肥，或在根蔸上撒放草木灰，促使藤蔓长粗壮、叶片长嫩绿，多开花多挂豆荚。当藤蔓长到 150 厘米高时，要把主心摘掉，让其多发侧梢，并把 150 厘米以下的侧芽去掉，促使养料集中到上藤的枝叶和花荚上。

收获

历经栽培、立杆、养护 4 个多月后，杆上的豆荚逐渐挂多长大，当嫩荚长到 30 厘米长时便可进行第一次摘荚收获，之后继续进行浇水施肥，并及时把侧枝上的主心摘掉，从而控制藤蔓再长高。再过 20~25 天第二批嫩豆荚便可收获，之后又不断进行肥水养护，还可进行第三次嫩荚收获。

02. 冬瓜

冬瓜为我国夏、秋、冬季主要蔬菜之一，种植普遍，特别是湖南、广东、海南种植最多。为葫芦科冬瓜属一年生藤蔓植物，原产亚洲、澳大利亚。蔓长可达 7 米以上，分枝生长能力强，每个节腋均可生长侧蔓。侧蔓节腋芽又可生长副侧蔓。叶片掌状，一般雌雄花同长一株上，少数花为两性花，一般先开雄花后开雌花，果实为瓠果，表面皮上有茸毛，随着瓜老而减少，有的品种果实表面有白色蜡粉，根系强大，须根发达，吸肥能力强，容易产生不定根，适宜庭院靠围墙栏杆旁种植。冬瓜喜阳光生长适温为 20℃~30℃。

播种与间苗

播种：选用在泡沫箱里播种，先把箱底板钻 3 排小孔，每排 3~4 个 [（箱的规格为 60 厘米 ×46 厘米 ×30 厘米（长 × 宽 × 高）]。先备好播种土壤，采用芹菜播种的土壤。在播种前先用温水浸 3 小时种子，出水晾 1 小时左右，再浸种 2~3 小时，再出水晾 1 小时，如此反复 3~4 次，这样种子出芽齐全。种浸好后在箱内垫好排水层和肥料，盛好已准备的土壤，稍整平，打 1~2 个浅窝，在窝内浇好发酵的液肥，让太阳晒干然后锄松，过 3~4 天后在每个窝撒 4~5 颗种子，盖一层 3 厘米厚的细土，浇透水分，移入阳光下盖膜催芽，播种后 5~7 天种子会破土出芽，揭膜养护。

间苗：种子萌芽出土后，保持箱土适当湿润，过 7~10 天后真叶露心，当第一片真叶露心到长 3~4 片真叶时，历经 15~20 天，这时要把过密的弱小的幼苗间掉，保持每窝 3 株壮苗。

立架与授粉

立架： 间苗后除保持箱内水分间干间湿外，要及时加强肥水养护，开始每 5～6 天用“综合水”加捣碎的生黄豆泡水 6～10 天兑水 50% 的肥水浇施，当长到 1 米左右高时要搭立支架、让藤蔓沿着支架爬行；当藤蔓爬满支架时要改施每周一次菜枯饼、碎骨头、草木灰泡水 6～10 天兑水 50% 的肥液，促使藤蔓多开雌花多挂幼瓜；在此同时把架以下藤蔓上的侧芽全部抹掉、黄叶摘掉，保持根蔸湿润，集中养料到幼瓜上。

授粉： 当藤蔓出现雌花结瓜时，要及时摘取雄花剪掉花瓣采取人工授粉，在早晨 9～10 时进行为宜，当每条藤蔓上挂两个以上的冬瓜成活后要及时把主心摘掉，促使养料集中在瓜上，加速幼瓜长大。

收获

自冬瓜播种出芽，历经 4 个多月的浇水施肥时间，从开花挂瓜到瓜老历尽了人们的心血和汗水，瓜是人们辛勤劳动而来的。9～10 月当瓜长粗长长时，正处摘瓜的大好时期，可从藤腋处连柄剪断进行收获。

营养功效

冬瓜含维生素 C 丰富，且高钾低钠，高血压、肾脏病、浮肿病等患者食用，可消肿利尿不伤正气。

冬瓜性寒味甘，可清热生津，夏天食用尤为适宜。

03. 葫芦瓜

葫芦瓜，别名壶芦、亚葫芦等，为葫芦科葫芦属一年生藤蔓植物。春天3~4月在盆盎里、泡沫箱内直接播种，土壤采用芹菜播种土壤，播种后历经3~4个月陆续进行摘瓜收获。葫芦瓜，既可做开汤瓜类蔬菜，又是一种观果的欣赏瓜类，每当8~9月间，满架挂满硕果，显得丰庆，惹人喜爱、惹人赞赏。葫芦瓜是一种丰产的瓜菜，每株可挂十几个或几十个鲜果，食起来嫩白鲜美、可口清香。葫芦瓜喜阳光好水湿，在20℃~32℃温度下生长茂盛。

容器与播种

容器：选择一个大号盆盎为播种容器，洗净经太阳晒干备用。

播种养护：在4月上旬采用芹菜播种土为葫芦瓜播种土，先放好两片瓦片垫好排水孔层，放好排水层和底肥，盛好培养土，整平盆土，在盆中央打一个4~5厘米深的浅窝，浇上发酵的饼肥，晒干锄松，过3~4天在窝里撒播4~5颗种子，盖上细土、用水喷湿，移入向阳处催芽，历经5~7天种子破土出芽，当幼苗长至3~4片真叶时进行间苗，保留4株幼苗，当幼苗长到5~6片叶子时，把大号盆内瓜株换到中号龙缸内，然后保持缸内土壤间干间湿外，每周采用“综合水”加捣碎生花生泡水6~10天兑水50%的肥水浇施一次，当苗株长至0.5

米高时要及时立杆搭架，并把藤引上支架，加强肥水养护，促使开花挂瓜，与此同时把支架以下藤蔓上的侧芽全部抹掉，集中养料在幼瓜和支架藤叶上。

观赏与收获

观赏：当藤架上挂满绿色葫芦，显得一片丰庆富裕的景象，从远处观看好似一个个宝葫芦在闪闪发光，从近处观看显得格外潇洒和浪漫。庭院种植葫芦不但可食，而且给人观赏、惹人喜爱。

收获：接近 8 月中旬 9 月初，一个个葫芦瓜逐渐长得嫩绿可喜，采摘前用手指甲刻一下葫芦瓜皮，如能刻上指甲印，这正说明采收葫芦的时期已到，可进行分批采收。之后继续加强肥水养护，再过半月 20 天又可进行第二批采收，甚至多次采收，直到藤蔓老化干枯为止。

小贴士

如何在藤蔓上自留明年的种子：选取第一批瓜中的 1~2 个瓜留老，破瓜取种洗净晒干沙藏待明年播种用。采用这种方法留种，保证明年种瓜结早。如果是秋天结瓜留种，明年种植也得秋天才结瓜；如果是冬留种也得初冬才结瓜。

葫芦瓜营养丰富适合烧炒吃，最适合做瘦肉片吃，吃起来味道鲜美，可口清香。

04.黄　瓜

黄瓜，为葫芦科西瓜属一年生藤蔓草本植物。黄瓜品种，一般从表皮颜色上来分，有白皮、青皮、淡黄皮等；也可分为刺黄瓜、秋黄瓜、鞭黄瓜。黄瓜含水量大，既可洗净生吃，又可烹调做菜吃，味道爽口，惹人喜爱。黄瓜是一种喜温好湿的作物，生长适温为18℃~32℃，适宜空气湿度为20%~90%，黄瓜根系浅，应选择在富含有机质肥、透气性强的弱酸性到弱碱性的土壤中种植。

选苗与栽培

选苗：到农贸市场上选择育种好的袋苗为好，栽植后易于成活，可持续地生长。

栽培：选择春天的晴天，先把土壤晒干过白，捣碎，与发酵过的饼肥和匀，撒上沙粒，然后将选一个大号陶瓦盆、洗净晒干，然后垫好两块瓦片至漏水孔上，放好颗粒排水层和发酵过的饼肥，垫一层培养土，再把袋苗连袋放入盆中央，用培养土堆栽，稍压实盆土，浇透压蔸水，移入向阳处养护。

立杆与养护

立杆：当瓜苗栽活经“综合水”和浇水养护后，瓜苗已长到50厘米高时，及时在盆盎旁边里立一条支杆，把瓜蔓诱引到支杆上，让其沿着支杆生长。

养护： 立杆后，为加速瓜苗生长，除保持盆土适当湿润外，每周浇一次菜枯饼、碎骨头、草木灰浸泡6~10天后兑水50%的肥液，促使菜株生长叶绿茎壮。在此同时当藤蔓长到150厘米后，把以下腋间的芽梢抹掉，集中养料到藤上。

收获

历经一段时间的浇水、施肥、抹芽、摘心养护后，在藤蔓叶腋间开花挂瓜，当第一批瓜长到15~16厘米长时，可进行第一次收获。摘瓜后在瓜蔸上盖上碎草，及时肥水养护，这时藤上挂上多条幼瓜，历经10~15天的养护，幼瓜已长成大瓜，这时用手指甲在瓜皮上刻一下，能在表皮上刻出印来，这证明瓜已长得鲜嫩，收瓜的时期已到，必须及时采收。

营养功效

黄瓜中含有维生素C，能提高人体的免疫力，具抗肿瘤作用。

黄瓜中所含葡萄糖甙、果糖等不参与通常的糖代谢，可降低血糖浓度。

黄瓜中含有一种酶，能促进新陈代谢，可以起到滋润肌肤、去除皱纹、抗衰老的作用。

05. 西瓜

西瓜，别名小玉米瓜，为葫芦科西瓜属一年生藤蔓草本常绿植物。西瓜适宜在营养袋里播种，便于移栽，也可在泡沫箱里直接播种，不要移栽。西瓜喜欢新鲜黄沙带有机饼肥土壤中种植，不要施肥，适当浇水，保持湿润便可。盆种每半月施一次磷钾肥，控制施氮肥，避免只长藤叶不结瓜。历经适当的肥水养护后，到6~7月藤蔓叶腋间开始挂瓜开黄花，为使坐瓜率提高，必须进行人工授粉，与南瓜、冬瓜一样的授粉方法进行。西瓜授粉后到7月中旬8月下旬，可陆续摘瓜收获。西瓜喜阳光，生长适温为25℃~30℃。

浸种与播种间苗

浸种： 选择颗粒饱满，色泽新鲜黑色的种子，先用盆水沉浮一下，捞出浮在水面上的瘪种，搓洗干净后，晾干水分，在玻璃杯里水高于种子2~3倍浸种，直到种子冒短芽为止。

播种间苗： 当浸种冒芽后，选择一个泡沫箱，底板上钻3排小孔，每排3~4个，选择山叶腐殖土和竹根土加菜园土晒干、捣碎再加10%的发酵过的干饼肥一起和匀，在箱内先垫一层颗粒排水层和底肥，然后把准备好的土壤盛入箱内，整平土壤，打上浅窝，在窝里撒放4~5颗冒芽的种子，盖一层2~3厘米厚的碎土，用水喷湿，盖膜催芽，历经4~5天，种子会破土出芽，保持箱土适当湿润，过7~10天后，种苗长出两片真叶，这时只保留2~3株壮苗，其余全部间掉，除保持箱土间干间湿外，开始每周一次用“综合水”和生黄豆捣碎泡水6~7天后兑水50%的肥水浇施，从而把苗逗大逗长。

养护与立架结瓜

养护： 经间苗后，加强水肥养护促使秧苗加速生长，经 15~20 天后，苗秧长至 50~100 厘米时，用碎叶盖上瓜蔸做到保水保肥不易干掉。

立架结瓜： 经养护后瓜藤长得较快，如果是农村山坡、田野或庭院空阔地带，种植西瓜根本不要立架，让瓜藤自由地在地上爬行，但家庭用盆箱种植，为便于管理和观赏，以立支架为好，让藤蔓沿着支架爬行。当藤叶腋间开着金黄色带瓜的花时，在每天 9~10 时进行人工授粉，确保坐果率的提高。与此同时对架下藤上的腋叶芽要及时去掉，促使养料供给瓜上。当人工授粉后，时过一周瓜已坐果稳定，要施 1~2 次较浓的磷钾肥，促使瓜快速长大。

收获

瓜藤历经浇水和适当施肥养护后，瓜不断膨大，当瓜长到 15 厘米宽、25 厘米长时，约在 7 月中旬至 8 月下旬收瓜的时期已到，一般要瓜大多半熟后才收瓜，收获后过 1 周后熟，食起来味道甜美、爽口。

06. 水养大蒜

大蒜，别名胡蒜、独蒜、蒜头等，为百合科葱属一年生草本植物。栽种可分秋播和春播两种，也可分为水养和土养两种。这里专门讲述水养大蒜法：种植可分秋、冬、春三季进行，一般在9~10月，11~12月，或翌年3下旬至4月上旬进行为宜。水养大蒜适合家庭室内或背半阴的窗台、阳台上。水养大蒜种植很简单，只要把蒜分瓣用水泡5~6个小时后，剥掉蒜皮用瓷盘排插整齐、注入清水至蒜头一半。置室内或窗台、阳台上，历经播种后发芽温度12℃~20℃，茎叶生长适温12℃~16℃，15~20天便可陆续剪取收获。水养最大的优点是适合室内种植，方法简单方便，收效快，生长雅致，既可食用又可室内观赏。

选种与浸种

选种： 到菜市场选购蒜头粗壮、带紫红色的品种，这种大蒜种植成株后个头长得粗壮，食起来可口喷香，同时结籽也大，便于收藏。

浸种： 把选好的大蒜头逐个分瓣，然后用清水盖浸种子2~3倍的水，历时浸种5~6个小时，当蒜头萌出短芽为准。

选盘与排插蒜瓣

选盘： 选取一个不深、白色的瓷盘，用清水洗净，经太阳晒干消毒备用。

排插蒜瓣： 把浸好种的蒜瓣剥掉表皮，

用清水洗净晾干，然后从瓷盘边或中央芽朝上围圆圈排插蒜瓣，要插得整齐有序，然后注入浸蒜头二分之一的水量，置室内，每隔 2 天换一次水，避免长时间晒太阳。

收获

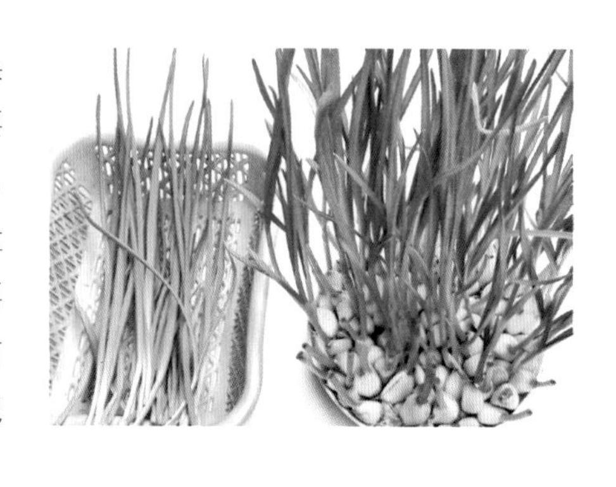

当插种历经 15~20 天时，每隔 2 天换一次清水，蒜苗已经长到郁郁葱葱时，还要经常及时换水，当苗株长到 20 厘米高时，便可用剪刀剪取，陆续进行收获，收完一盘后仍保持 2 天换一次水，让其再长蒜苗，再经 15~20 天还可继续进行收获。当蒜头苗长得很慢时，把水养改为土养，不断加强肥水养护，还可长成葱郁茂盛的苗株来。

大蒜有抽薹的和不抽薹的两种，但都长蒜头。大蒜抽薹后，再追一次饼液肥，当薹长到 35 厘米左右时便可割取食用。大蒜不抽薹的或抽薹割取蒜茎后，要加施一次草木灰，促使蒜头长大。当大蒜叶片开始发黄，蒜头蒜瓣突出时，趁晴天挖取收获，除掉泥土晒干挂起保存。

小贴士

烹调蒜薹时不宜烹制过烂，以免辣被破坏，从而降低杀菌作用。

经碾碎的蒜瓣，不宜加热食，易于导致大蒜素的破坏，适宜用于凉拌菜食，而且吃起来味道爽口。

蒜薹、蒜瓣适合一般人群食用，但消化功能不好的人要少吃，有肝病的不宜多食，否则会影响肝功能的正常。

07. 水养香葱

香葱，别名绵葱、火葱、四季葱、细米葱等，为百合科葱属，炎夏为休眠期，生长适温为13℃~25℃。家庭小庭院不但适宜土养香葱，而且适宜水养香葱，种植简单方便，只要具备一个不漏水的容器和一个透水的塑料盘，选择一把小葱，稍把周围老叶剪掉一些，根系洗净修短，葱放在盘中央周围用小卵石配栽，容器内注入清水，把塑料盘放入容器内，每3~4天换一次水，根在盘内浸在水中，逐渐长出生根，上节叶逐渐生长。

塑料盘与容器

塑料盘： 到花木商店购买合适的塑料盘，大小因容器大小而定。

容器： 以盘大小选容器，或以容器大小选盘均可。

栽培与注水

栽培： 先把准备好的卵石用清水洗净，再把香葱适当修剪，主要修剪老叶片和根须，再将根系洗净，然后把葱苑放入盘中央，用卵石镶配香葱，使香葱直立盘中央。

注水： 把塑料盘放入容器中，然后注入清水至塑料盘满，这样一盆雅致的香葱就展现在人们面前。

养护与收获

养护： 葱连塑料盘放入注入清水的容器内，每隔 3~4 天换一次清水，同时可把生黄豆捣碎泡水 6~8 天，在换水时加入容器内，不要加得过勤，10 天半月一次为宜。

收获： 当水养香葱成活后，逐渐生长茂盛，可采用两种收获法：一种从边上摘叶收获；也可进行分蔸收获。收获一次要换一次清水并加一次肥水，肥水稍淡一些为宜，不要过浓以免烧根。

小贴士

水养香葱适宜在春、秋、冬季进行，炎夏是香葱休眠期，不宜水养。

营养与功效和土养香葱相同，详见土养香葱。

08. 黄花菜

黄花菜，别名金针菜，为百合科萱草属的多年生草本植物。株高35~50厘米，叶基生，带形，排成两列（单株）。根肉质，伴有长卵形吊挂的块球根，肉质根的寿命可达2年以上。花开6~8个月，花有芳香，花蕾长8~16厘米时，摘取晒干后可做菜食，含苞时摘收最合适。原产湖南、湖北。

选种与栽培

选种：在农村菜圃选取开黄花或开红花两个品种，各有千秋。黄花品种长得高，花蕾粗长一些；红花品种，苗株长得矮一些，花蕾稍细稍短一些，花开同一时期。

栽培：花开后，在盆株上进行分株取苗，一盆可分成若干丛，每丛保持2~3株，大苗一根也可，它萌发很快；或者等冬天叶片枯萎后剪除枯叶，待第二年春天把蔸掘出分成若干块，每块保持完整芽头2个以上，然后采用园土和山叶土晒干捣碎加10%的河沙和饼肥混合而成的培养土进行栽培。栽时选择中号陶瓦盆为宜，放好排水层和底肥，栽后浇透压蔸水，在向阳处养护。

养护

当苗株栽活后，除保持盆土间干间湿外，每半月进行1次氮质肥浇施。开始用“综合水”加部分菜枯饼泡水1周后兑水50%浇施，接近现小花蕾时每半月改施一次生黄豆捣碎、碎骨头和草木灰泡水6~10天

兑水 50% 的液肥，或用捣碎黄豆和碎骨头在盆边上挖洞埋施，浇水溶化至根部，或根蔸上撒些草木灰，浇水渗透根部。黄花菜耐寒性较强，在南方冬天根可在露地过冬，北方根蔸盖土过冬。适宜在阳光充足的环境生长，炎夏中午要遮阴避免灼伤叶片，生长适温 20℃~30℃。

收获

当苗株栽活后，历经浇水施肥 3~4 个月的养护，在 6 月份开始育蕾含苞待放，这时正处摘包第一次收获期，不要等开放后再收获。随后继续加强肥水养护待到 8 月左右又含苞待放时，可进行第二次收获。

小贴士

新鲜黄花菜中含有秋水仙碱，食用时容易造成肠中毒，更不能生食。必须摘下晒干，食前先泡发，可烧汤或与其他菜搭配烹调食。烹调时火力要旺，以彻底烧透，用量不宜过多。

家庭如何保存黄花菜：买回的干黄花菜，先晾晒，然后装入保鲜膜内或用塑料袋装好，每袋 15 千克左右，放入低湿下保存，用冰箱冷冻保存最好。

黄花菜适宜一般人群食用，尤其适合奶妇、中老年人、过度疲劳者食用，但皮肤瘙痒及哮喘者不宜食用；黄花菜含粗纤维较多，肠胃病患者应慎食；黄花菜与驴肉同食易引起中毒。

09.芹　菜

芹菜，别名香芹、旱芹、药芹，为伞形科芹属，一年生常绿草本植物。长江流域从6月下旬至10月上旬播种，一般当年可收获；北方春秋两季气候冷凉适合芹菜生长，这两季播种养护适时。广东地区7~11月均可播种，冬天不要保护过冬，同时生长茂盛。芹菜适宜在地势较高、排水方便、土质疏松肥沃的沙质菜园土里种植，播种后历经30天左右可陆续收获。芹菜喜阳光，生长适温为15℃~25℃。

选种与播种

选种： 到种子店选购带包装的新鲜种子，一般有白茎和青茎之分，这两种芹菜品种均可。选种时打开闻一闻是否霉变或过期的种子，否则播种成活率低，甚至不发芽长苗。

播种： 播种前先把种子用清水浸泡24小时，然后淘洗干净，放在阴凉处晾干水分，待种子干燥后，用湿布包好，放在15℃~20℃见光的地方催芽，每天用水洗一次，待种子发芽时便可播种。采用白色泡沫箱为播种容器，把底板钻3排小孔，每排3~4个，垫好排水层，加好底肥，盛好35%山叶土、45%菜园土、10%河沙混合捣碎而成的培养土，离箱口3厘米处，稍整平，浇施于箱面上发酵过的饼液肥，让太阳晒干、锄松，过3~4天后，用细草木灰或细炉灰拌和种子撒播在箱面上，盖一层2~3厘米厚的草木灰或细炉灰，采用喷雾法用水喷湿，千万不能浇水或洒水，避免把种子冲走或埋到深土里无法发芽。

间苗与养护

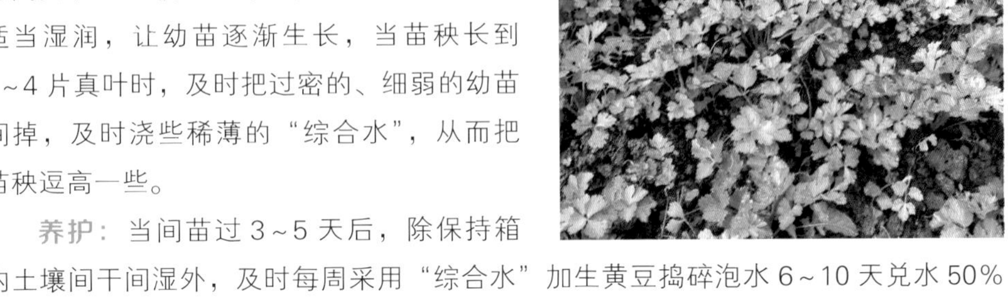

间苗：当种子播种后历经 5～6 天甚至时间更长一些破土出芽后，除保持箱内土壤适当湿润，让幼苗逐渐生长，当苗秧长到 3～4 片真叶时，及时把过密的、细弱的幼苗间掉，及时浇些稀薄的“综合水”，从而把苗秧逗高一些。

养护：当间苗过 3～5 天后，除保持箱内土壤间干间湿外，及时每周采用“综合水”加生黄豆捣碎泡水 6～10 天兑水 50% 的肥水浇施一次；当菜株长到 15 厘米高时改用菜枯饼泡水 6～10 天兑水 50% 的肥水每周浇施一次；与此同时为使菜株长得白嫩，可在菜顶上搭架遮阳网。

收获

第一次收获：从播种到破土出芽，经精心养护后，历经 1 个多月的时间，大株芹菜长至 20 厘米以上时，从中选取壮实嫩绿的苗株进行第一次收获。

第二次收获：当第一次选收壮苗后，继续进行肥水养护，历经 25 天左右第二批菜苗不断生长起来，经过第一次大株选拔后，其他菜株长得差不多高矮，长到 20 厘米时可成块进行收获。

小贴士

芹菜叶中含β-胡萝卜素和维生素C，含量丰富，因此烹调芹菜时嫩叶不能扔掉，可焯烫后加调料凉拌食用可口。

芹菜在沸水中焯烫后马上捞出过凉，可使芹菜颜色保持翠绿，还可缩短烹调时间，减少营养流失。

芹菜用于降低血压，经洗净可生食或凉拌食，连叶和根一道食，效果更好。

芹菜与鸡肉同食，会伤人的元气；芹菜与兔肉同食，易引起脱皮；芹菜与甲鱼同食，易引起中毒。

芹菜适宜一般人群食用，特别适合高血压、动脉硬化、高血糖、缺铁性贫血等患者，以及经期妇女食用；但脾胃虚寒、血压偏低以及过敏体质的儿童宜少食芹菜。婚育期男士不宜多食芹菜，因为芹菜含有杀精子的成分。

营养与功效

芹菜中含酸性降压成分，对于原发性、妊娠性及更年期高血压患者均有效。

芹菜可消除体内水钠潴留，有利尿消肿功效。

芹菜是高纤维食物，可加快粪便在肠内的运转时间，减少致癌物与结肠黏膜的接触，从而可达到预防结肠癌的发生。

芹菜富含有铁质，对皮肤苍白、干燥，面色无华有改善作用。

10. 白菜早五号

白菜早五号，为十字花科芸薹属，一年生常绿草本植物，此种白菜是早熟品种，从播种到栽培历经 55~65 天便陆续收获。它生长嫩绿并带包黄心，既可白菜炒食，又可做汤，吃起来味道鲜美可口，是家庭常食的一种绿色蔬菜，适合家庭小庭院栽种。白菜早五号喜光照，生长适温 15℃~25℃。

容器与基质

容器： 选用中号陶瓦盆为栽培容器，经洗净晒干消毒备用。

基质： 山叶土 35%、有机菜园土 45%、土杂土 10%、河沙 10%，堆沤 3 个月，然后翻开晒干、捣碎，捡出碎石。

栽培与养护

栽培： 到附近农村选购白菜早五号苗秧、趁阴天带土球进行栽培，栽时注意放好排水层和底肥，选大苗栽植为好，生长快，收获早，栽后稍压实基质，浇透压蔸水，移入背阴的地方养护 5~6 天再向阳。

养护： 当苗秧栽活后，除保持盆内基质间干间湿外，要及时以氮质肥进行浇施。开始以“综合水”加部分捣碎生黄豆泡水 6~10 天兑水 50% 的肥水每周浇施一次，促使菜苗迅速生长；与此同时注意病虫防治，做到早发现早治疗，把虫害消灭在幼虫时期，可采用烟叶与生石灰泡水过滤喷洒，也可用尖辣椒捣碎或用食醋兑水喷洒消灭。

收获

当苗秧栽活经浇水施肥后，历经 55～65 天，白菜长到 25 厘米高 15 厘米大，同时包叶见嫩黄色时便可进行收获。家庭种白菜可采取两种方法进行收获：剥绿叶或割莼。

Vegetable
— Tips —

小贴士

切白菜要顺丝切，这样切后烹调时易于炒熟。

焯烫白菜时间不宜过长，以 20～30 秒为宜，以免焯得太软、太烂，不但会影响口感，而且会导致营养成分的流失。

腐烂的白菜不能食，因为腐烂的白菜会产生亚硝酸盐，人食后会使血液中的血红蛋白丧失携氧能力，造成人体严重缺氧。

如何消除白菜中的残留农药：先把白菜泡在水槽中，边冲洗边排水，反复多次，然后放入盐水里冲洗一次，可有效地将残留农药清除。

白菜早五号适宜一般人群食用，尤其适宜习惯性便秘、伤风感冒、肺热咳嗽、腹胀及发热者。寒性体质、肠胃功能不好、慢性肠胃炎患者不宜多食。

11. 糯米冬苋菜

糯米冬苋菜，别名马蹄菜、冬葵、滑菜、滑肠菜等，为锦葵科锦葵属一至两年生草本常绿植物，以嫩叶供食。糯米冬苋菜属湖南冬苋菜的优良品种，株高约22厘米左右，开展宽度为35厘米，单株叶7片，从播种到收获历时40~50天。它的特点：叶面接柄处带紫红色条纹或叶面紫红，枝叶柔软，吃起来滑嫩爽口，是家庭常食的营养菜。糯米冬苋菜喜冷凉气候，生长适温为15℃~20℃。

容器与基质

容器： 选取一个60厘米 ×46厘米 ×30厘米的泡沫箱（长 × 宽 × 高），把底板打3排小孔，每排3~4个孔，为播种备用。

基质： 山叶土40%、菜园土40%、河沙10%、饼肥10%，堆沤3个月后，翻开捣碎晒干，并注意去掉碎石。

选种与播种

选种： 秋天8月到种子店选袋装标牌糯米冬苋菜的种子，要选择紫红色占叶面4/5的优良新鲜品种，买回剪开纸袋，闻闻是否有霉变陈旧气味，带新鲜香味米黄色为良种。

播种： 首先把泡沫箱垫好排水层和底肥，盛好培养土，浇好箱面发酵的饼液肥，经太阳晒干锄松，再过3~4天，趁晴天用

草木灰或细炉灰和种子撒放在箱面土壤上，盖一层 2 厘米厚的细草木灰或细炉灰，采用喷雾法喷水，以免盲种。然后盖膜催芽。

间苗与栽培

间苗：当播种 6～7 天后，种子逐渐萌芽，要保持箱土适当湿度，历经半个月左右幼苗长到 3～4 片叶子时，把过密的幼苗、弱苗间稀，留着栽植。

栽培：把间下来的苗秧用培养土选取中号陶瓦盆进行栽培。栽时注意放好排水层和底肥，栽后浇透压蔸水，移入半阴处养护 5～6 天成活后再向阳。特别值得注意的是：糯米冬苋菜叶片薄而大，一遇天热气温高，叶片易于发黄、卷叶，在养护期间坚持每天向叶片喷雾，把黄叶及时剪掉，促使栽苗成活。

养护与收获

养护：当间苗与栽苗成活后，除保持箱土和盆土间干间湿外，坚持每周浇一次“综合水”加浸泡饼肥 5～10 天兑水 50% 的肥液，促使苗株长高长壮。

收获：历经 40～50 天的肥水养护后，苗秧大株逐渐长到 20 厘米高时，可以从一片叶子节上摘断进行第一次收获，之后继续加强肥水养护，促矮株长高，摘心后逐长嫩梢，再过 25～30 天又可进行第二次收获，如此养护下去可进行多次收获，直到老化为止。

西兰花，别名青花菜，为十字花科芸薹属，一年生草本植物。花开在秋冬至春，种得迟早收获有别，一般秋天 7~8 月播种，10 月中旬至 11 月初便可收获。西兰花营养价值较高，适宜家庭小庭院种植，是家庭较名贵的蔬菜，吃起来味道可口，同时它具有的防癌防病功效远远超过其他蔬菜。西兰花喜阳光，生长适温为 15℃~20℃。

容器与基质

容器：因地制宜就地取材，在家庭选取一个水泥制品长条形的盆为播种容器，经洗净晒干后备用。

基质：选取山叶腐殖质土 40%、菜园土 40%、河沙 10%、发酵饼肥 10%，晒干捣碎混合备用，值得注意的是：要把基质中的碎石、杂草捡出。

选种与播种

选种：到市场选取袋装矮种西兰花种子，买回播种前先剪开纸袋闻闻种子的气味，如带清香味，种子颗粒饱满，色泽新鲜，说明种子是好种，否则就是瘪种，很难发芽生长。

播种：在秋天 7~8 月进行，先在盆内垫好排水层、加好底肥，把培养土盛入盆内离盆口 3 厘米处，然后用细草木灰或细炉灰和种，撒入盆内基质上，上盖 2 厘米细炉灰，采用喷雾法喷水，盖上膜移入阳光下催芽。

间苗与栽培

间苗： 当播苗出基质半个月后，幼苗长出 2～3 片叶子时，及时对一些过密的苗秧进行间稀，粗壮的留着栽植，同时把弱小苗间掉，每周进行一次“综合水”加菜枯饼泡水 6～10 天兑水 50% 的肥水浇施，使苗秧快长。

栽培： 及时把间下来的壮苗，用培养基质进行栽培，采用栽白菜的方法进行。栽后浇透压蔸水，移入背阴地方养护 5～6 天后再向阳。

养护与收获

养护： 当栽苗成活后，除保持盆内基质间干间湿外，同时对间苗和栽苗进行肥水养护，每周浇施肥水一次，加速苗株长高长大。

收获： 历经 70～90 天的浇水施肥的养护，菜花逐渐形成球形，这时再加施一次浓肥，促使花球长得更大更鲜嫩，当花球长到 7～8 厘米大时，这正处于剪取的收获时期，从茎秆上剪断进行收获。

13. 胡萝卜

胡萝卜，别名红萝卜、黄萝卜、番萝卜等，为伞形科胡萝卜属1~2年生草本植物。8月下旬至翌年3月均可播种，8月中下旬播种，11月下旬至12月上旬收获；10月播种，露地越冬第二年2~3月收获。种子发芽的温度为4℃~5℃，生长适温20℃~25℃。胡萝卜适宜肥沃含有机肥的菜园土和山叶土加河沙排水良好的沙质土，一般播种3个月后均可收获。

播种

首先到种子店选购袋装的新鲜种，以黄色胡萝卜种子为优。然后选购一个泡沫箱，把底板钻3排小孔，每排3~4个，放好排水颗粒层，加足底肥，盛入准备晒干的土壤至箱口3厘米处，在基质上浇施一层饼液发酵肥，经太阳晒干，锄松，3~4天后把种子与细炉灰和匀，均匀地播在箱土上，再盖一层2~3厘米厚的草木灰或细炉灰，采用喷雾法喷水，盖上膜移入向阳处催芽，经6~10天方能发芽。

间苗

当种子萌芽出基质后，要保持基质适当湿润，历经6~15天后，幼苗长出2~3片真叶时，要及时把过密的苗秧间稀，并间掉弱苗，这是第一次间苗；经“综合水”逗苗

后，幼苗长到3~4片叶子时，又要对密集的苗秧进行间苗，直到行株均匀为止。苗秧过密，萝卜长不大。

养护

当间苗长得稀密均匀后，除保持箱内基质间干间湿外，要及时加强肥水养护，采用“综合水”加菜枯、碎骨头、草木灰泡水6~10天兑水50%的肥水每周浇施一次，促使苗壮萝卜大，当萝卜开始膨大时要停施氮肥“综合水”，专施菜枯、碎骨头、草木灰泡水兑水浇施，促使萝卜长大长嫩。

收获

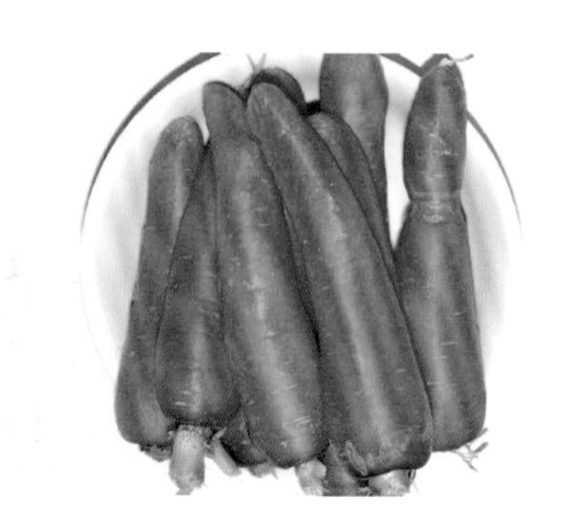

经播种、间苗、浇水施肥3个月左右后，苗株长高长壮实了，胡萝卜直径长到3~4厘米粗时，可把大株拔取进行第一次收获，之后继续加强磷钾肥的养护，中株长大，再过15~20天进行第二次收获，如此下去直到收完为止。